Kommunikations-Strategie

Heinz W. Droste

Kommunikations-Strategie

Analyse-Methode - Lösungs-Findung - Crossmediale Planung

pedion verlag

Impressum

Droste, Heinz W.

Kommunikations-Strategie: Analyse-Methode - Lösungs-Findung - Crossmediale Planung

Auflage 1 – 05/18

Bibliografische Information der Deutschen Nationalbibliothek

Die Deutsche Nationalbibliothek verzeichnet diese Publikation in der Deutschen Nationalbibliografie; detaillierte bibliografische Daten sind im Internet über http://dnb.d–nb.de abrufbar.

ISBN 978-3-9814882-5-8

Redaktion, Layout, Satz, Grafik und Produktionsleitung:
Pedion Verlag Hückelhoven

Für Dich Milo - unseren großherzigen Helden:

Wo immer Du auch gerade bist!

Inhalt

Vorwort:

Kommunikation und Netzwerke managen -

mit Strategie

Kommunikation modellieren mit dem AGIL-Modell

Die Kreativität von Kommunikations-Profis wird täglich durch komplexer werdende Herausforderungen und Probleme auf die Probe gestellt:

Wie können wir im dynamischen digitalen Zeitalter angesichts unüberschaubarer Interaktionsnetze unsere Kommunikations-Ziele sicher erreichen? Wie setzen wir die Briefings von Unternehmen und Institutionen verantwortungsvoll, risikovermeidend und besonders wirksam im Meinungsmarkt um? Wie können wir als Kommunikations-Verantwortliche vor dem Hintergrund zunehmender Digitalisierung der Öffentlichkeit gleichermaßen produktiv, effektiv und kostenbewusst arbeiten?

Kommunikations-Profis haben vielfältige Netzwerke zu managen, die sich durch ein kommunikatives Eigenleben und eine Eigendynamik auszeichnen, die sich nicht durch klassische PR-Maßnahmen wie beispielsweise Presse- und Medienarbeit oder die gängige Social Media-Nutzung allein kontrollieren lassen.

Erfolgreiche Profis bewältigen ihre Aufgaben, indem sie stattdessen mit ständig neu entwickelten Lösungen wirkungsvoll am dynamisch-systemischen Prozess moderner Netzwerk-Kommunikation teilnehmen.

In Zukunft bedeutet Public Relations, »kompetent und verantwortlich die Kommunikationskanäle zu Dialoggruppen kreativ bestimmen und betreiben, mit dem Ziel, die legitimen Interessen des PR-Auftraggebers auf direktem Weg zu verwirklichen«.

In diesem Band »Kommunikations-Strategie« erhalten Leserinnen und Leser - kurz und knapp vorgetragen - die dazu erforderlichen Analyse-Methoden, Kommunikations-Tools und Crossmedialen Strategien.

Einleitung

Das AGIL-Werkzeug erschließt kreative Lösungen für PR und Kommunikations-Management.

Basis des Verfahrens zur Entwicklung von Kommunikations-Konzepten, das in diesem Buch vermittelt wird, sind bewährte Analyse- und Konzeptions-Werkzeuge, die renommierte Wissenschaftler und Kommunikations-Experten entwickelt und in vielen empirischen Untersuchungen genutzt haben.

Der Autor hat diese kreativen »Tools« für die Anwendung in der Kommunikations-Beratungspraxis weiterentwickelt. Die verschiedenen, in der Folge vorgestellten Anwendungs-Modelle, Case Stories und grafischen Umsetzungen sind aufgrund langjähriger Beratungstätigkeit und eigener Studien erstellt worden.

Die wichtigsten Werkzeuge, die Leserinnen und Leser hier bald kennen lernen werden, wurden von renommierten Sozialwissenschaftlern und Psychologen im »Department of Social Relations« an der Harvard University erfunden.

Dieses berühmte »Department« hieß eigentlich »The Department of Social Relations for Interdisciplinary Social Science Studies« und wurde im Jahr 1946 gegründet. Hintergrund war, dass begabten Wissenschaftlern - unter anderem aus den Bereichen Soziologie, Anthropologie, Ökonomie und Psychologie - Gelegenheit gegeben werden sollte, über ihre Wissenschaftsbereiche hinweg interdisziplinär zu forschen.

Ergebnis war, dass viele richtungweisende Forschungsprojekte z.B. in den Bereichen Persönlichkeits- und Motivationsforschung, in der kognitiven Psychologie, der Sozialpsychologie, der Psycholinguistik, der Wertorientierungs-Forschung, der Sozialpsychologie, der Wirtschafts-Soziologie und der Politologie angestoßen werden konnten.

Viele der beteiligten Wissenschaftler und Harvard-Absolventen aus den Zeiten des Departments wurden zu international bedeutenden »Köpfen« der modernen Sozialwissenschaften.

Eines der wichtigsten in diesem Buch verwendeten »Tools«, das sogenannte AGIL-Werkzeug, gehört zu den bekanntesten »Produkten« der interdisziplinären Zusammenarbeit von Soziologen, Psychologen und Ökonomen im »Department«. Es dient zur Anleitung von kreativen »Sessions« und von Brainstormings, die sich durch einen qualitativ besonders hochwertigen Ideenfluss auszeichnen.

Dieses Tool funktioniert gleichermaßen motivierend als Orientierungsinstrument und Wegweiser als auch als innovativer Ideengenerator.

Mit diesem Instrument lassen sich diejenigen Kommunikations-Prozesse und -Strukturen übersichtlich aufzeichnen - »mappen« -, die im Anschluss eine Basis dafür bieten, zügig Mechanismen zur Lösung von Problemstellungen offen zu legen. - Die Details zum Einsatz dieses Werkzeugs werden in der Folge Schritt für Schritt vorgestellt.

Nun fragen sich wahrscheinlich manche Leserinnen und Leser, ob es sich tatsächlich lohnt, dieses und die weiteren Werkzeuge näher in Augenschein zu nehmen:

- *Wird sich das zeitliche Engagement bei der Auseinandersetzung mit diesem Instrumentarien tatsächlich auszahlen?*

- *Lohnt es sich, hier »Gehirn-Schmalz« zu investieren?*

- *Sind diese Tools praxisrelevant?*

Als motivierende Antwort mag der Hinweis dienen, dass der Autor und seine Team-Kollegen dieses besondere Werkzeug jahrzehntelang in der Kommunikations-Beratung, der Entwicklung und Umsetzung von Kommunikations-Konzeptionen einsetzten und dabei ständig verfeinerten.

Dabei zeigte sich, dass Teams, die mit dem Instrument arbeiten, gegenüber »klassisch« arbeitender Konkurrenz eine ganze Reihe handfester Vorteile genießen, von denen hier einige aufgelistet sein sollen:

- *Schnelles Erfassen der Problem-Konstellation in komplexen Kommunikations-Situationen*
- *Schnelles Einarbeiten in neue Aufgabenfelder aufgrund einer steilen Lernkurve*
- *Zügige Entwicklung neuer Kommunikations-Kompetenzen in bisher »unbeackerten« Branchenfeldern*
- *Schnelles Entwickeln von erfolgsträchtigen Lösungen in Krisensituationen*

Das Instrument begünstigt innovative und kreative Lösungen, wenn es im Kommunikations-Research oder als Orientierungsinstrument bei Kommunikations-Studien eingesetzt wird.

Das Instrument ermöglicht detaillierte, aber dennoch pointierte und übersichtliche Präsentationen von Konzeptionen und Projektplänen etwa gegenüber PR-Auftraggebern und Nachfragern von strategischer Kommunikations-Beratung.

Bedeutet der »Siegeszug« der Social Media das Ende von Public Relations?

Bevor es mit dem ersten Kapitel losgeht, ein paar grundsätzliche Worte zum Konzept der Public Relations:

Public Relations bezeichnen eine dauerhafte Kommunikations-Aufgabe, die angesichts der Veränderungen in Technologien und gesellschaftlicher Dynamik ständig neu überdacht werden muss.

Auf der Basis laufend zu aktualisierender Interaktions-Analysen ist zu ermitteln, welche Vorgehensweisen bei der Gestaltung der Kommunikation zwischen Individuen und Gruppen tatsächlich funktionieren - welche Vorgehensweisen zu angestrebten Zielen - etwa zum notwendigen Meinungs- und

Interessenaustausch - führen und welche Kommunikations-Kanäle dazu genutzt werden können.

In diesem Zusammenhang ist insbesondere die Etablierung neuer Kommunikations-Kanäle aufwändig.

Dabei drohen technische Aspekte der Kanal-Verwendung, vom eigentlichen Auftrag abzulenken. Denn Aspekte der technischen Bedienung von Kommunikations-Kanälen tendieren dazu, ein solches Maß an Aufmerksamkeit auf sich zu ziehen, dass Public Relations und andere Aufgaben des Kommunikations-Managements oftmals gänzlich aus dem Blick geraten.

Was passiert da?

Um es überspitzt auszudrücken:

Die Verwendung des Kanals wird mit der Kommunikation selbst verwechselt.

Etwa wenn vom Internet und von »mobile devices« begeisterte Menschen (sind wir das nicht fast alle?) annehmen, die Beherrschung von einigen »angesagten« Apps würde die »alte«, zeitaufwändige und von manchem als überflüssig empfundene Kommunikation mit Personen, die uns in Fleisch und Blut gegenüberstehen und uns häufig mit scheinbar »unzweckmäßigen« Anfragen behelligen, verzichtbar machen. - Kommunikation mit tausenden von Internet-Nutzern scheint stattdessen ohne solche Unbilden mühelos per Maus-Klick realisierbar.

Um nicht um den heißen Brei herumzureden und um die gegenwärtig hoch im Kurs stehenden Kanäle unumwunden anzugehen:

Nein, die derzeitige Dominanz des Themas der Social Media bedeutet weder das Ende von Kommunikation noch das Ende von Public Relations.

Social Media stellen zwar zunehmend wichtigere Kanäle bereit, die beim Aufbau, bei der Aufrechterhaltung - allerdings auch bei der Behinderung - von öffentlichen Beziehungen und von Public Relations eine Rolle spielen.

Offenbar erzielen Social Media eine besonders hohe Aufmerksamkeit, weil sie zum einen »neu« sind und durch den Einsatz komplexer Elektronik einen ausgesprochen modernen »Flair« verbreiten.

Frage: Warum überschätzen wir die Wirkung von Social Media?

Antwort: Weil sie zwar einen inzwischen weit verbreiteten Technik-gestützten Kanal bieten, der Einfluss auf die Dynamik unserer Kommunikation nimmt. Dennoch sind sie nicht die Kommunikation selbst, statt dessen lediglich ein Durchgangsstadium der technologischen Entwicklung von »Vehikeln« zur Unterstützung menschlicher Interaktionen.

Denn es verhält sich mit den Social Media wie in der Vergangenheit mit dem Telefax, dem Festnetz-Telefon, der Buschtrommel, dem Signalfeuer zur Realisierung von Rauchzeichen, dem Buchdruck usw., die alle nicht selbst Kommunikation sind, sondern ohne intelligente und interaktive Bediener lediglich »dumme«, stumme und tote Dinge.

Um die Zukunfts-Perspektive von Social Media provokant zu skizzieren:

In nicht allzu langer Zeit wird es bessere digitale Kommunikations-Kanäle geben als die heutigen Social Media. Diese zukünftigen Kanäle werden dialogsuchenden Menschen einen störungsfreieren, weniger leicht manipulierbaren und weniger komplizierten Kontakt zu Individuen und Interaktions-Gruppen ermöglichen, als dies mit Facebook, Twitter usw. heute möglich ist.

Denken wir zurück, wie im Jahr 2003 »Second Life« als »ultimativer digitaler Lebensraum« auftauchte und für Millionen von Menschen die »ultimative« Zukunfts-Lebensform wurde. Heute verschwindet diese digitale Plattform mehr und mehr in der Versenkung. Viele Leserinnen und Leser werden bei Wikipedia nachschlagen müssen, um sich heute zu vergegenwärtigen, wie der »Hype« von damals Einzelpersonen, Unternehmen und Institutionen mit einem digitalen »Zweitleben« in seinen Bann ziehen konnte.

Entsprechend - wahrscheinlich zunächst unmerklich - schleichend -, aber schneller wir es als begeisterte User ahnen - werden auch Facebook & Co. in der Form, wie wir sie im Augenblick kennen, von der Bildfläche verschwinden.

Frage: Wie kommt das?

Antwort: Menschen brauchen echten, lebendigen Kontakt und Austausch - Bits und Bytes basieren auf Leiterplatten und erfordern funktionsfähiges elektronisches Gerät. Sie sind ohne Menschen, die Geräteakkus regelmäßig über das Stromnetz aufladen und eine Verbindung zum Telekommunikationsnetz zur Verfügung haben, nicht mehr als ein Klumpen Sondermüll.

Fazit und Übergang zum ersten Kapitel:

Die aktuellen Social Media-Anwendungen stellen **zwar** eine Vielzahl von Kanälen zur Verfügung, die es Nutzern ermöglichen, mit anderen Personen in Kontakt zu treten.

Und weil diese Anwendungen im Augenblick bei der Entwicklung von erfolgreichen Kommunikations- und PR-Strategien einen großen Raum einnehmen, wird ihnen in diesem Buch ein komplettes Kapitel gewidmet werden.

Dennoch soll nicht vergessen werden, dass real und unverzichtbar beim Aufbau von Beziehungen und stabilen Interaktionen zwischen Menschen vor allem die Personen sind, die kommunizieren. - Die Technologien, die sie dazu verwenden, sind austauschbar und ständig optimierbar.

Kapitel 1:

Das Modell der

Kommunikations-Strategie

1. Ausgangspunkt der Public Relations

Am Beginn jeder PR-Aktivität steht die Aufgabe, ein möglichst zutreffendes Bild von der Situation und von der besonderen Kommunikations-Problematik etwa eines Unternehmens zu zeichnen. Alle erreichbaren Informationen müssen gesammelt und in eine zielorientierte Ordnung gebracht werden.

Das damit gezeichnete Bild der Grenzen und Chancen des Unternehmens soll Ansatzpunkte für Strategie und Taktik von Public Relations liefern. Das betreffende Unternehmen soll mit Mitteln der PR vom Ist- zum Soll-Zustand geführt werden, d.h., Diskrepanzen sind aufzuheben, die Kommunikation ist zu optimieren.

Dieses Buch legt ein begriffliches Instrumentarium vor, das genau bei diesen Vorarbeiten zu jeder PR-Tätigkeit ansetzt. Aufgrund methodologischer Betrachtung wird ein Begriffsrahmen entwickelt, der die Informationssammlung und -gewichtung steuert und so ein eindeutiges Bild der Kommunikations-Situation eines Unternehmens oder einer Institution entwickeln hilft.

Mit der standardisierten Analyse der Teilbereiche und Teilaspekte der Kommunikation wird der Blick frei auf Ansätze zur wirkungsvollen Verbesserung der Beziehungen zur Öffentlichkeit.

Ein weiterer Nutzen eines definierten analytischen Begriffsrahmens liegt in der Chance, mit seiner Hilfe Resultate von PR-Aktionen zu dokumentieren und zu systematisieren. Kommunikations-Wissen kann so zu einem sich ständig vermehrenden, frei konvertierbaren Gut werden. Je stärker PR-Wissen und Know-how zur Realisierung strategischer Kommunikation in diesem Sinne universalisiert wird, desto professionellere Züge bekommen die darauf aufbauenden Kommunikations-Maßnahmen.

Ein wesentliches Kennzeichen moderner Professionen ist die Tatsache ihrer zunehmenden Verflechtung mit dem Wissenschaftssystem. Der professionelle PR-Berater und Kommunikations-Stratege muss sich mehr und mehr zu seiner Verpflichtung auf rationale Argumentation bekennen. Schließlich erwarten Kunden von PR-Konzeptionen Transparenz der vorgelegten Analysen und darauf aufbauende rationale Begründung der vorgeschlagenen PR-Strategie. PR-Berater sollten sich daher bemühen, die von ihnen geplanten Public Relations am neuesten Stand von wissenschaftlicher Forschung zu orientieren.

Klären wir zu Beginn die grundlegenden Begriffe:

Der konkrete Anlass für die Tätigkeit eines PR-Beraters liegt im **Auftrag**, der von einer Organisation ausgeht.

Organisation soll im folgenden ganz allgemein als Begriff für eine Ordnung von arbeitsteilig und zielgerichtet miteinander arbeitenden Personen und Gruppen dienen. Der Begriff der Organisation bezeichnet also nicht nur Verbände und Vereinigungen, sondern alle Institutionen, Gruppen und sozialen Gebilde, die bewusst auf ein Ziel hinarbeiten, geplant arbeitsteilig gegliedert sind und ihre Aktivität auf Dauer eingerichtet haben. Wenn also eine Organisation als Auftraggeber für Public Relations auftritt, so kann es sich hierbei beispielsweise um ein Wirtschaftsunternehmen aber auch um einen politischen Verband handeln.

Der **PR-Berater** ist entweder Mitarbeiter der PR-Abteilung der betreffenden Organisation oder er kann als externer Berater mit der Gestaltung der Public Relations und strategischen Kommunikation betraut sein.

Bei besonderen Problemen oder bei besonderen Aufgabenstellungen übernehmen PR-Berater über begrenzte Zeiträume Öffentlichkeitsarbeit, die ein Verband oder ein Unternehmen in dieser konkreten Situation aus eigener Kraft nicht bewältigen kann. Möglicherweise möchte sich der Auftraggeber aber auch den organisatorischen Aufwand einer eigenen PR-Abteilung sparen und greift deshalb zeitlich unbegrenzt auf externe Hilfe zurück.

Die konkrete **Öffentlichkeitsarbeit** hat sich dabei an den institutionalisierten Zielen der Organisation zu orientieren. Es gibt stets eine Reihe von Entscheidungen über die Grundprinzipien und Maßstäbe der Public Relations und Kommunikation, die in der Philosophie oder den Maximen der Politik der Organisation verankert und verbindlich festgelegt sind.

Aufgabe des PR-Beraters ist es ganz allgemein, ein Verhältnis von gegenseitigem Verstehen und Vertrauen zwischen dem Auftraggeber und der Öffentlichkeit zu erreichen und zu erhalten.

Aufgrund von Offenheit und umfassender Information soll gegenseitiges Verständnis aufgebaut werden.

Adressat der Public Relations kann dabei ein relativ eng umgrenzter Personenkreis sein, mit dem es die Organisation - der politische Verband oder das Wirtschaftsunternehmen - zu tun hat. Die Arbeit des PR-Beraters kann aber auch auf die gesellschaftliche Gemeinschaft insgesamt bezogen oder über nationale Grenzen hinweg international orientiert sein.

2. Das Strategiemodell der Public Relations

Diesen Bemühungen um das gegenseitige Verständnis zwischen Organisation und Öffentlichkeit liegt üblicherweise ein vierstufiges Strategiemodell zugrunde, an Hand dessen Kommunikations-Maßbahmen vom PR-Berater planvoll und zielführend konzipiert und durchgeführt werden **(siehe Abb. 1).**

Die PR-Tätigkeit beginnt mit einer **Situationsanalyse.**

Der nächste Schritt ist die Planung; hier werden die Adressaten für Public Relations festgelegt, Zielgruppen definiert, Leitmotive für eine PR-Kampagne entwickelt, Medien zum Transport dieser Motive ausgewählt. Zeitplanung, Kostenplanung gehören ebenfalls zu dieser Arbeitsphase.

Im dritten Schritt, in der **Durchführungsphase**, wird die PR-Kampagne mit ihren einzelnen PR-Aktionen realisiert.

Eine mit Mitteln der empirischen Sozialforschung durchgeführte Untersuchung ermittelt im letzten Schritt, welchen Fortschritt die Kommunikation zwischen der betreffenden Organisation und der Öffentlichkeit durch die

PR-Kampagne gemacht hat. Diese **Erfolgskontrolle** soll den Grad der Informiertheit der Öffentlichkeit über die Organisation und das Ausmaß des Verständnisses für ihre Belange dokumentieren.

PHASEN DER ÖFFENTLICHKEITSARBEIT

1. **SITUATIONSANALYSE:**
   Untersuchung der Ausgangslage
2. **PLANUNG:**
   Entwicklung von Kampagnenansätzen
3. **DURCHFÜHRUNG:**
   Realisierung der einzelnen PR-Aktionen
4. **ERFOLGSKONTROLLE:**
   Untersuchung der Wirkung der Öffentlichkeitsarbeit

Abb. 1: Phasen der Öffentlichkeitsarbeit

3. Sammlung und Analyse der Informationen als erster Schritt der Public Relations

Die Tätigkeit des PR-Beraters beginnt mit der Bestandsaufnahme und der Analyse der Ausgangssituation des Auftraggebers.

Am Anfang der Public Relations steht damit die Aufgabe, ein möglichst zutreffendes Bild von der Situation und von der Kommunikation einer Organisation - etwa einer Institution oder eines Unternehmens - zu zeichnen **(siehe Abb. 2)**.

SITUATIONSANALYSE

1. **Sammlung aller relevanten Informationen**

- **intern:** Eigenbild der Organisation
- **extern:** Image der Organisation in der Öffentlichkeit

2. **Analyse des Faktenmaterials**

- **intern und extern:** realistisches Bild der Kommunikationssituation
- **Feststellung der Probleme und Chancen in der Beziehung zwischen Organisation und Öffentlichkeit**

Abb. 2: Situationsanalyse

Vorab werden Fakten und Daten nur gesammelt und zusammengestellt. Dabei liegt im Blickpunkt zunächst das Faktenmaterial, das beim Auftraggeber selbst recherchiert werden kann und somit in der Struktur der Organisation liegt.

In einem **ersten Schritt** werden alle erreichbaren Informationen, seien es Selbstdarstellungen eines Unternehmens, Protokolle von Vorstandssitzungen, frühere Presseerklärungen usw. zusammengestellt und vorsortiert.

Es kommt darauf an, die Organisation aus den unterschiedlichsten Blickwinkeln zu erfassen und dazu eine möglichst umfassende Sammlung von Fakten und Daten vorzulegen.

Aus diesem Material herauszuarbeiten ist zunächst, wie sich das Unternehmen selbst sieht, welches Eigenbild es im Einzelnen hat. Es ist festzuhalten, wie es die eigenen Leistungen und seine Beziehung zur Öffentlichkeit einschätzt.

Mit Hilfe aller zur Verfügung stehenden Informationen soll ein Katalog von Grundinformationen aufgestellt werden, der folgende Themenkreise abdeckt:

- *allgemeine Ziele der Organisation*
- *Philosophie, verbindliche Wertvorstellungen*
- *geschichtliche Entwicklung der Organisation*
- *Prinzipien der Organisationspolitik*
- *rechtliche Form der Organisation*
- *Dienstleistungen oder Produkte, die die Organisation anbietet*
- *innerer Aufbau*
- *wirtschaftliche Lage*
- *Selbstdarstellung in der Öffentlichkeit bisher*
- *Adressaten der Public Relations der Organisation*

Im Fall eines Wirtschaftsunternehmens gilt es beispielsweise, genau festzuhalten, an welchen Zielen und Wertvorstellungen von Zielgruppen sich die Geschäftspolitik des Unternehmens orientiert.

Neben diesen Grundprinzipien der Unternehmensführung ist von Interesse, welche Produkte hergestellt werden bzw. welche Dienstleistungen angeboten werden, wie die Wirtschaftsdaten aussehen und wie der äußere Auftritt des Unternehmens gestaltet ist.

Von Interesse ist die geschichtliche Entwicklung, die das Unternehmen seit seiner Gründung genommen hat, und insbesondere eine Einschätzung dazu, welche Entwicklungen für die Zukunft zu erwarten sind.

Besondere Beachtung verdient das »Betriebsklima« in einem Unternehmen, damit der Überblick darüber, welche Meinungen und Urteile es intern über den Arbeitgeber gibt.

Für die Planung von PR-Aktivitäten ganz entscheidend ist die Definition der spezifischen Zielgruppen des Unternehmens, also die Festlegung der Adressaten der zukünftig zu planenden PR-Aktivitäten.

In einem **zweiten Schritt** werden Informationen ermittelt, die von außerhalb der Organisation kommen. Hier geht es insbesondere um die Erforschung der öffentlich vertretenen Meinungen und Urteile über den Auftraggeber.

Die dazu notwendigen Informationen können u.a. durch Auswertung von bereits vorliegenden demoskopischen Untersuchungen sowie von Studien ermittelt werden, die speziell für die Erkundungsphase der PR durchgeführt werden.

Darüber hinaus ist die Berichterstattung der Medien über die Organisation aufmerksam zu beobachten. Anschließend sollte ein direkter Meinungsaustausch mit den Journalisten der zuständigen Redaktionen gesucht werden.

Nützlich sind an diesem Punkt der Informationssammlung Verbands- und Branchenberichte, Urteile von Fachleuten und Forschungsergebnisse aus dem Bereich der wissenschaftlichen Forschung.

Systematisch ist zu dokumentieren, welches Echo die Tätigkeit der Organisation sich in welchen Feldern und bei welchen Netzwerken im Internet bewirkt hat.

Ist dieser Schritt der Informationssammlung abgeschlossen, der aktuelle Bestand an Meinungen und Urteilen in den wichtigen Zielgruppen zusammengestellt, sollte sich möglichst präzise das Image abzeichnen, welches das Unternehmen oder die Institution augenblicklich in der Öffentlichkeit hat.

4. Die Analyse von Image und Eigenbild

Es ist die Aufgabe des PR-Beraters, ein Verhältnis von gegenseitigem Vertrauen und Verständnis zwischen seinem Auftraggeber und der Öffentlichkeit zu erreichen und zu erhalten.

Indem er die gerade beschriebene Informationssammlung durchgeführt hat, kann der PR-Berater die Basis hierfür schaffen, indem er eine grundlegende Analyse des Verhältnisses von Auftraggeber und Öffentlichkeit durchführt.

Diese Analyse besteht darin, zu untersuchen, inwieweit das Eigenbild der Organisation, also die Selbsteinschätzung ihrer Qualitäten, mit dem Bild übereinstimmt, das sich die Öffentlichkeit von ihr macht, inwieweit also Eigenbild und Image des Auftraggebers harmonisieren.

Als erstes Ergebnis dieser Untersuchung ergibt sich ein realistisches Bild von der Kommunikationssituation, das beide Aspekte - Eigenbild und Image - kritisch differenziert.

Der PR-Berater ermittelt im Anschluss, wo die auftraggebende Organisation Konfliktstoff in die Kommunikationssituation hineinbringt. Er stellt fest, wo die Notwendigkeit der Anpassung an die begründeten Anliegen der Öffentlichkeit besteht, wo die Öffentlichkeit also berechtigte Anliegen hat, die eine Veränderung des Handelns der Organisation erfordern.

Konflikte in der Kommunikationssituation von Organisation und Öffentlichkeit sind in der Regel nicht ausschließlich in der Struktur der Organisation des Auftraggebers begründet. Der PR-Berater versucht festzustellen, wo die Öffentlichkeit Informationsdefizite hat und inwieweit Potential besteht, zukünftig Verständnis und Zustimmung zu erreichen.

Damit zeichnen sich die Probleme, Schwachstellen sowie Gefahren im Verhältnis der Organisation zur Öffentlichkeit ab.

In einem **nächsten Schritt** gilt es, hieran anknüpfend Chancen und Ansatzmöglichen für die zu konzipierenden PR-Aktivitäten herauszuarbeiten.

Der PR-Berater untersucht, über welche Stärken der Auftraggeber verfügt, die zur Verbesserung der Beziehung zur Öffentlichkeit beitragen können. Entsprechend stellt er fest, wo Chancen liegen, Kommunikation zu verbessern.

Durch die Situationsanalyse erarbeitet der PR-Berater somit ein umfassendes Bild von den Problemen einer Kommunikationssituation auf der einen Seite und erfaßt auf der anderen die Chancen zur Verbesserung der Situation.

5. Situationsanalyse, Planung, Durchführung

Die Situationsanalyse der Ausgangslage steht in engem Zusammenhang mit den anschließenden Planungs- und Durchführungsschritten.

Es sind die in der Situationsanalyse festgestellten Diskrepanzen in der Kommunikation zwischen Auftraggeber und der Öffentlichkeit, an denen die Planung der PR-Aktionen ansetzt und an deren Behebung letztendlich der Erfolg der durchzuführenden PR-Aktionen gemessen wird.

Aufgrund der Ergebnisse dieser Situationsanalyse entwickelt der PR-Berater Lösungsalternativen und schätzt die Erfolgschancen konkreter PR-Aktivitäten ab.

Eine möglichst gewissenhafte - präzise und umfassende - Situationsanalyse ist Garant dafür, dass die Risiken, die in der Entscheidung für eine bestimmte PR-Aktion liegen, von vornherein offenkundig werden.

Darüber hinaus können die Ergebnisse dieses ersten Schritts von Public Relations Implikationen für den gesamten institutionellen Rahmen haben, in dem der PR-Berater von der Organisation mit der Übernahme seiner Aufgabe betraut worden ist.

Es kann nämlich das dringende Erfordernis ermittelt werden, die vom Auftraggeber bisher verfolgten Prinzipien und Zielvorstellungen für die Öffentlichkeitsarbeit zu überdenken und möglichst zu revidieren.

6. Kriterien für eine adäquate Situationsanalyse

Aus dem Bisherigen lassen sich eine Reihe von Anforderungen an den PR-Berater und seine erste Aufgabe ableiten, die grundlegenden Informationen zu sammeln, aufzubereiten und in ein analytisches Bild von der Kommunikationssituation des Auftraggebers zu bringen **(siehe Abb. 3)**.

KRITERIEN FÜR EINE ADÄQUATE SITUATIONSANALYSE:

- **Vollständigkeit der Informationserfassung**
- **Objektivität der Darstellung der Ausgangssituation**
- **Nachvollziehbarkeit der Ergebnisse der Analyse**

Abb. 3: Kriterien für eine adäquate Situationsanalyse

Die relevanten Informationen zur Kommunikationssituation von Organisation und Öffentlichkeit sind möglichst vollständig zu berücksichtigen.

Frei von persönlichen Wünschen und Vorurteilen soll die vorliegende Situation objektiv bewertet und gedeutet werden.

Unter Anknüpfung an seine bisher in der Praxis gemachte Erfahrung soll der Berater alle relevanten Informationen zu einem zutreffenden und stimmigen Bild der Ausgangslage zusammenstellen. Nur so kann der Gesamtzusammenhang der dabei erkennbar werdenden Probleme und Chancen der Public Relations nachvollziehbar aufbereitet werden.

7. Hilfsmittel der Public Relations

Während es für die Durchführung von PR-Aktionen einen Standard von Hilfsmitteln gibt - wie beispielsweise Netzpläne oder Projektlisten -, fehlen solche Planungshilfen für die Durchführung der Situationsanalyse.

Für diese komplexe Aufgabe am Anfang jeder Öffentlichkeitsarbeit ist ein solcher standardisierter Rahmen zur Anleitung in der Praxis aber notwendig.

Der PR-Berater benötigt einen Leitfaden für die planvolle, detaillierte Recherche, die nicht nur das allseits Bekannte neu aufgreift. Es soll ein Bild gezeichnet werden, das neue Einsichten und einen tiefen Einblick in die Problematik einer Kommunikationssituation verschafft.

Nichts ist peinlicher, als wenn der Auftraggeber dem PR-Berater nach vorgetragener Situationsanalyse erklärt, das wisse er ja längst selbst.

Ein solches Analyse-Schema für die Ausgangssituation von PR-Aktivitäten hat sich natürlich zunächst einmal an den im letzten Abschnitt ermittelten formalen Kriterien Vollständigkeit, Objektivität und Nachvollziehbarkeit auszurichten.

Wie die bisherigen Überlegungen dieses ersten Kapitels zeigen, hat dieser Begriffsrahmen eine ganze Reihe von konkreten Leistungen zu erbringen:

Erstens - der zu entwickelnde Begriffsrahmen muss tauglich sein, interaktive Prozesse und Kommunikation zu erfassen.

Es gilt, komplexe Kommunikationsvorgänge sowie vielfältige Meinungsbilder zu analysieren. Dazu muss ein **dreidimensionales »Bild«** von der Situation erstellt werden:

1. *Zunächst hat der PR-Berater das Eigenbild der auftraggebenden Organisation zu registrieren.*

2. *Entsprechend ist das die Organisation betreffende Meinungsbild in der Öffentlichkeit zu ermitteln, also festzustellen, welches Image die Organisation hier hat.*

3. *Anschließend ist beiden ein umfassendes Bild gegenüberzustellen, das neben diesen beiden Blickwinkeln die objektive Tatsachenlage erfasst.*

Zur Durchführung dieser komplexen Analyse muss der PR-Berater sich auf **drei verschiedenen Kommunikationsebenen** bewegen.

(a) Er hat sich die typischen Prozesse der Kommunikation innerhalb der auftraggebenden Organisation anzusehen.

(b) Er muss Meinungsäußerungen im Bereich der Öffentlichkeit erfassen und

(c) darüber hinaus auf einer analytischen Betrachterebene arbeiten.

Am Ende seiner Voruntersuchung muss der PR-Berater sein Arbeitsergebnis in eine für den Auftraggeber nachvollziehbare Form bringen.

Der **zweite wesentliche Punkt** in der Leistungsbeschreibung eines solchen Begriffsrahmens ist das Erfordernis, mit der vorgelegten Analyse erklärungsrelevante Fakten ablesbar zu machen.

Der Begriffsrahmen muss anleiten bei der Suche nach den bestimmenden Voraussetzungen der Kommunikationssituation. Es muss absehbar werden, welche Umstände für die besondere Funktionsweise der Kommunikation des Auftraggebers und seiner Zielgruppen verantwortlich sind.

Erfassbar werden muss, welche Konstellationen Probleme verursachen oder das Potential haben, Probleme zu verursachen, aber auch, welche Vorteile und Stärken vorliegen, die dazu dienen können, Diskrepanzen auszugleichen.

Das **dritte Erfordernis** betrifft den Gesamtrahmen, in dem Public Relations stattfinden.

So müssen bei allen Arbeitsschritten - also auch bei der Situationsanalyse - die Aufgabenstellung und die Bedürfnisse im Fokus bleiben, die der Auftraggeber für seine Öffentlichkeitsarbeit vorgegeben hat.

Entscheidend ist, dass in diesem ersten Schritt der Öffentlichkeitsarbeit die Erfordernisse der folgenden Planungs- und Durchführungsschritte zu ihrem Recht kommen.

Ansatzpunkte für Lösungsstrategien sind verfügbar zu machen und Ideen für konkrete PR-Aktionen müssen herleitbar werden. Schließlich gilt es, die Bezugspunkte zu ermitteln, anhand derer bei der Erfolgskontrolle die Messung des PR-Erfolgs vorgenommen werden kann.

Das **vierte Erfordernis** hat mit dem Kriterium der Nachvollziehbarkeit zu tun, das im letzten Abschnitt besprochen wurde.

Gerade wegen der Komplexität der Zusammenhänge, mit denen es der PR-Berater bei der Ausgangssituation zu tun bekommt, muss die Situationsanalyse übersichtlich sein und die vielen Informationen in ein geschlossenes Gesamtbild verpacken. Da selbst komplizierte Zusammenhänge durch grafische Darstellung übersichtlich werden, sollte dieses Begriffsschema Ansätze bieten, die Ergebnisse der Situationsanalyse zu visualisieren.

Damit ergibt sich zusammengefasst als Ergebnis dieses Kapitels für das Instrument zur Anleitung und Durchführung der Situationsanalyse:

1. *Dieser Begriffsrahmen muss die Beschreibung und Analyse von interaktiven Prozessen ermöglichen,*

2. *die erklärungsrelevanten Fakten einer Kommunikationssituation ablesbar machen,*

3. *den Rahmen der Aufgabenstellung berücksichtigen und*

4. *dies alles zu einem geschlossenen Gesamtbild zusammenfügen.*

Kapitel 2:

Die methodologischen Voraussetzungen der Situationsanalyse

1. Der allgemeine Handlungsbegriff

Der Ablauf der PR-Tätigkeit hat - wie das erste Kapitel zeigte - eine typische viergliedrige Grundstruktur. In einer ersten Phase - der Situationsanalyse - wird die Ausgangslage für Public Relations untersucht. In der zweiten Phase - der Planungsphase - werden die eigentlichen Kampagnenmotive entwickelt. Die Realisierung der einzelnen PR-Aktionen erfolgt in der dritten Phase, der Durchführungsphase. In der letzten Phase findet die Erfolgskontrolle statt, durch welche die Wirkung der Öffentlichkeitsarbeit überprüft wird.

Die Grundstruktur der PR-Tätigkeit stimmt mit der allgemeinen Struktur des menschlichen Handelns in wesentlichen Zügen überein. Die Problembezogenheit ist ein Grundmerkmal menschlichen Handelns und keineswegs auf den Bereich der PR beschränkt.

Der Handlungsbegriff setzt einen Handelnden - Akteur - voraus **(siehe Abb. 4)**. Handeln erfordert ein Handlungsziel, einen Handlungszweck, an dessen Erfüllung es orientiert ist. Der Vorgang des Handelns findet in einem Rahmen von Gegebenheiten und Umständen, mit anderen Worten in einer Situation statt. Es gibt Gegebenheiten, die hingenommen werden müssen, die den für einen Akteur unveränderbaren Rahmen der Handlung bilden: die Bedingungen des Handelns. Die für den Handelnden handhabbaren und durch die Handlung manipulierbaren Umstände sind die Mittel des Handelns.

Jedes Handeln wird in seinem Ablauf durch die Orientierung des Handelnden an Normen und Selektionsstandards geordnet, die bestimmen, welche Ziele und Mittel wählbar und welche Mittel für welche Ziele angemessen sind.

Dieser Bezugsrahmen des Handelns lässt sich ohne Weiteres auf den Bereich der Public Relations übertragen **(siehe Abb. 5)**.

Akteur der PR-Tätigkeit ist im Idealfall ein erfahrener PR-Berater. Ziel der Public Relations ist die Erfüllung der von einer Organisation übertragenen Aufgabe, beispielsweise die Aufhebung von Problemen in der Kommunikation von Auftraggeber und Öffentlichkeit.

GRUNDSTRUKTUR DES HANDELNS

(1) **ein Akteur**

(2) **ein Ziel**

(3) **eine Situation**

   a. **Bedingungen**

   b. **Mittel**

(4) **Normen und Selektionsstandards**

Abb. 4: Grundstruktur des Handelns

Die Situation, an der die zu planenden PR-Kampagnen ansetzen, ist die Kommunikationssituation. Den Bedingungen zuzurechnen, also denjenigen Voraussetzungen, die vom PR-Berater gewöhnlich nicht gestaltet werden können, sind die institutionellen Bedingungen, in welche die gesellschaftliche Kommunikation eingebettet ist. Mittel der PR-Aktivität liegen allgemein gesprochen in den Chancen, welche die Struktur der Öffentlichkeit zur Verbesserung der Kommunikation bietet, bzw. in den Stärken und Ressourcen der Organisation, die sich der Berater zunutze machen kann.

Zu den Normen und Selektionsstandards, welche die Ziel- und Mittelwahl im Rahmen von PR begrenzen, gehören die von der auftraggebenden Organisation vorgegebenen Grundprinzipien und Maßstäbe für Public Relations sowie ethische Richtlinien, wie sie beispielsweise im Code d›Athène festgelegt sind. (Der von Lucien Matrat definierte Code d'Athène ist heute Basis der Grundlage internationaler und nationaler Moralkodizes von PR-Leuten. Er basiert auf der allgemeinen Erklärung der Menschenrechte.)

Das im ersten Kapitel vorgestellte Modell der Phasen der Öffentlichkeitsarbeit läßt sich aus dem allgemeinen Begriffsrahmen des Handelns ableiten. Die vier Phasen stellen allgemeine Orientierungsstufen dar, die typisch sind für jegliches zweckrationale Verhalten.

GRUNDSTRUKTUR DER ÖFFENTLICHKEITSARBEIT

(1) der Akteur: die PR–Sachbearbeiter

(2) das Ziel: Aufhebung von Kommunikationsproblemen

(3) die Situation:
die Kommunikationssituation von
auftraggebender Organisation und Öffentlichkeit

a. Bedingungen der Öffentlichkeitsarbeit

b. Mittel der Öffentlichkeitsarbeit

(4) Normen der Öffentlichkeitsarbeit

Abb. 5: Grundstruktur der Öffentlichkeitsarbeit.

Im Handlungsprozess ist die Situationsanalyse der Vorgang, durch den sich der Handelnde Bedingungen und Mittel seiner Aktion vergegenwärtigt.

In der Planungsphase entwirft der Handelnde eine Strategie zur Erreichung seines Handlungsziels, ein Konzept zur Lösung des ihm gestellten Problems.

In der Durchführungsphase findet die eigentliche Handlung, die Realisierung der entworfenen Strategie zur Zielerreichung statt.

Der sich der Handlung anschließende Vergleich des Handlungsergebnisses mit den Absichten und Zielvorstellungen ist die Erfolgskontrolle des Akteurs. Der Grad der Übereinstimmung von Handlungsergebnis und Handlungszweck wird bewertet, Gründe für eventuelle Abweichungen gesucht. Hieraus ergibt sich Wissen, das für eine nachfolgende Handlung mobilisiert werden kann, um die Handlungsergebnisse zu optimieren.

2. Die Phasen der wissenschaftlichen Forschung

Der im Verlauf von Public Relations zu beobachtende Durchlauf von Phasen der Situationsanalyse, der Planung, der Durchführung und Erfolgskontrolle lässt sich von der Grundstruktur des menschlichen Problemlösens herleiten.

Die Situationsanalyse ist ein elementarer Orientierungsvorgang, durch den sich der Akteur die Bedingungen seines Handelns und die Mittel zur Erreichung seines Handlungszwecks vergegenwärtigt. Dem Akteur mehr oder weniger bewusst, ist sie Bestandteil jeder Handlung.

Wie diese Analyse im Rahmen der Durchführung von Kommunikations-Maßnahmen im Detail abläuft, welche Zwischenschritte dazugehören, welche methodischen Regeln eingehalten werden müssen, erfassen wir am besten, blicken wir in das Feld menschlichen Problemlösens, in dem die Situationsanalyse mit methodischer Strenge durchgeführt wird:

Paradigmatisch entwickelt ist die Situationsanalyse im Bereich der wissenschaftlichen Forschung, wobei die Forschung selber wiederum in der Wissenschaftstheorie zum Gegenstand gezielter Untersuchungen wird.

Hinter der Situationsanalyse steckt der allgemeine Vorgang der Welterfassung. Es geht um die Vergewisserung darüber, was in einem bestimmten Augenblick der Fall ist und warum dieses und jenes so und nicht anders geschieht.

Anhand der Ergebnisse, die dabei methodologische Betrachtungen erbracht haben, ist es möglich, im einzelnen zu diskutieren, nach welchen methodischen Regeln Situationsanalysen ablaufen.

Der Prozess der Welterfassung durchläuft im Bereich der wissenschaftlichen Forschung in der Regel folgende Zwischenschritte **(siehe Abb. 6):**

In einer Erkundungsphase werden erste Beobachtungen verarbeitet, die Ergebnisse älterer Untersuchungen ausgewertet und der Erfahrungsaustausch mit Wissenschaftlern gesucht, die zum selben oder zu einem vergleichbaren Thema forschen.

DIE PHASEN DER WISSENSCHAFTLICHEN FORSCHUNG

- **Erkundungsphase:** erste Informationssammmlung und -verarbeitung
- **theoretische Phase:** Ableitung einer speziellen Hypothese per Deduktion
- **Überprüfungsphase:** Erhebung und Auswertung von Untersuchungsergebnissen
- **Entscheidungsphase:** Beurteilung der Brauchbarkeit von Theorie und Hypothese

Abb. 6: Die Phasen der wissenschaftlichen Forschung

In einer theoretischen Phase wird eine allgemeine Theorie formuliert oder eine bereits vorliegende berücksichtigt. Aus der Theorie wird eine konkrete Hypothese abgeleitet.

In einer Überprüfungsphase wird diese Hypothese empirisch überprüft. Dazu wird ein Experiment, eine Befragung o. Ä. geplant, abhängige und unabhängige Variablen der Untersuchung definiert. Diese Phase umfasst außerdem die Datenerhebung. Hierzu werden Interviews, Gruppendiskussionen, Beobachtungen, Inhaltsanalysen usw. durchgeführt. Die Auswertung der Ergebnisse, die Datenverarbeitung ist ebenfalls Teilaspekt dieser Überprüfungsphase.

In der abschließenden Entscheidungsphase wird untersucht, ob sich die Hypothese angesichts der Untersuchungsergebnisse aufrechterhalten lässt und ob mit der bisher verwendeten Theorie weitergearbeitet werden soll.

Während der PR-Berater erfaßtes Wissen über die Kommunikationssituation in Kampagnen-Planungen umsetzt, um Verhaltensänderungen in der Öffentlichkeit zu erreichen, orientiert sich der Wissenschaftler an der Rolle des »außerhalb der Welt« stehenden Beobachters und Archivars allgemeinen theoretischen Wissens über einen Forschungsbereich.

Wissenschaft strebt zur Systematisierung allgemeinen Wissens, der Verdichtung von Einzelinformationen und Beobachtungen in allgemeingültige theoretische Aussagen.

Dagegen geht es dem PR-Berater um spezifisches Wissen zur Nutzung in der Praxis, das er für die von ihm zu leistende Problemlösung einsetzen kann.

3. Die Hypothesen-Geleitetheit des Problemlösungsprozesses

Wie gesehen beginnt der Forschungsprozess mit einer Erkundungsphase, in der erste Beobachtungen gemacht und Ergebnisse von Vorgänger-Untersuchungen berücksichtigt werden. In der theoretischen Phase wird eine allgemeine Theorie formuliert bzw. auf eine bereits vorliegende zurückgegriffen und andererseits eine Hypothese abgeleitet, die in der Untersuchungsphase systematisch mit der Realität konfrontiert wird. Nach Auswertung der Untersuchungsergebnisse wird in der Entscheidungsphase die Brauchbarkeit von Hypothese und Theorie beurteilt.

Es erscheint zwar vielfach so, als bestehe der Forschungsprozess im wesentlichen aus der empirischen Erhebung und der Analyse von Daten. Empirische Erhebungen sind aber in der Forschung kein Selbstzweck, sondern stellen zusammen mit den Methoden der Statistik lediglich das Mittel dar, theoretische Aussagen und Hypothesen angesichts der beobachteten Realität zu überprüfen.

Kern der Forschungstätigkeit ist die theoretische inhaltliche Vorarbeit, durch die eine begründete, konkrete Fragestellung ermittelt wird.

Erst wenn der Wissenschaftler über den bereits erreichten Wissensstand hinausführende Hypothesen konstruiert hat, geht er im nächsten Schritt daran, Daten zu erheben und die Untersuchungsergebnisse mit Mitteln der Statistik auszuwerten.

Der Vergleich des erhobenen und ausgewerteten Datenmaterials mit den theoretisch zu erwartenden Daten ermöglicht dann eine Beurteilung des Ausmaßes der Übereinstimmung von Realität und Theorie.

Die Hypothesen-Geleitetheit des Problemlösungsverhaltens ist nicht auf den Bereich der wissenschaftlichen Forschung beschränkt. Statt dessen können Problemlösungen grundsätzlich als Konstruktionen mit Hypothesencharakter betrachtet werden.

Was sind überhaupt Hypothesen? - Hypothesen sind empirisch gehaltvolle Aussagen, die das Vorliegen von Regelmäßigkeiten in einem bestimmten empirischen Bereich behaupten. Sie haben ihre Bestimmung darin, mit der Realität so konfrontiert zu werden, dass wir beurteilen können, welche Schwächen und Vorzüge sie als Realität "spiegelnde" Annahmen haben. Hypothesen unterliegen prinzipiell der Kritik und der Möglichkeit der Revision.

Mit der Formulierung einer Hypothese hat der Handelnde, der ein Problem lösen möchte, ständig auch die Möglichkeit deren Verbesserung und der Ausarbeitung von alternativen theoretischen Aussagen im Auge.

Hypothesen sind keine isolierten Einzelaussagen, sondern stehen in logischer Beziehung zu einer Theorie und damit zu einem ganzen System von Hypothesen.

Der Begriff der Theorie wird mit stark variierender Bedeutung verwendet. Meist wird darunter eine Menge logisch miteinander verbundener Annahmen verstanden, die im Problemlösungsprozess die Aufgabe hat, die Erkenntnisse über einen Bereich von Sachverhalten zu ordnen, Tatbestände zu erklären.

Theorien ermöglichen nicht nur die Erklärung der Vorgänge in ihrem Objektbereich, sondern darüber hinaus auch die Formulierung von Prognosen zu künftigen Vorgängen. Wer verstanden hat, warum unter bestimmten Voraussetzungen sich ein Tatbestand eingestellt hat, kann bei Wiedereintreten dieser Voraussetzungen annehmen, dass sich auch dieser Tatbestand wieder einstellt.

Dieser Aspekt der Theorie, der über den engen Bereich der bloßen Forschung hinausgeht, zielt auf die Gestaltung der Vorgänge in ihrem Gegenstandsbereich. Sind die Randbedingungen des Geschehens beeinflussbar, so kann ihr Erklärungs- und Prognosepotential dazu benutzt werden, die Chancen zu bestimmen, mit gezielten Eingriffen die betrachteten Vorgänge in eine gewünschte Richtung zu beeinflussen.

Die Theorie wird damit zur Grundlage von Entscheidungen. Sie zeigt, wie jemand zu handeln hat, der ein bestimmtes, gewünschtes Ergebnisse erzielen möchte.

4. Public Relations als Problemlösungsprozess

Bezogen auf den Problemlösungsprozess im Bereich von Public Relations lässt sich nun Folgendes ableiten:

Wenn der PR-Berater für eine bestimmte Kommunikationssituation Problemlösungsvorschläge macht und PR-Kampagnen entwirft, so hat er sich vorher mehr oder weniger bewusst darüber Gedanken gemacht, wie bestimmte Prozesse im Bereich der Kommunikation zusammenhängen - welche Mechanismen hier also wirken.

Das heißt, dass er mit einer Theorie arbeitet, aus der er im konkreten Problemfall Hypothesen über das Vorliegen von Kommunikations-Mechanismen ableitet, die sich mit Blick auf verfügbares Informationsmaterial und - wenn möglich - mittels einer Marktstudie oder Meinungsumfrage bewährt hat.

Zeigt sich diese Hypothese danach als akzeptierbar, leitet der PR-Berater aus der Hypothese und dem damit verfügbaren Wissen über wirksame Kommunikations-Mechanismen seine Lösungsstrategie für die Bewältigung seines konkreten Kommunikationsproblem ab.

Der Erfolg einer PR-Kampagne hängt also davon ab, wie zutreffend die Theorie und die aus ihr abgeleisteten Hypothese die Wirkungszusammenhänge der Kommunikation erfasst.

Letztlich ausschlaggebend ist allerdings, ob die Kompetenz des PR-Beraters ausreicht, das ermittelte Wissen über diese Zusammenhänge in erfolgreiche Maßnahmen umzusetzen.

5. Grundzüge einer PR-Theorie

Die Grundhypothesen zu Kommunikations-Mechanismen, die in diesem Zusammenhang für die Öffentlichkeitsarbeit Verwendung finden und dabei so etwas bilden wie eine PR-Theorie, betreffen insbesondere die Bedeutung der Kommunikationsbeziehungen für den Gesamtzusammenhang einer Gesellschaft.

Es gibt noch keine geschlossene Kommunikations-Theorie, an die Kommunikations-Berater anknüpfen könnten. Aus der Praxis der Öffentlichkeitsarbeit lassen sich aber dennoch einige Grundthesen und Grundannahmen herauslesen, die so etwas wie ein theoretisches Grundgerüst der PR bilden.

Versuchsweise formuliert könnte die Grundthese dieser Theorie lauten:

Grundhypothese (1):

*Die **Wechselseitigkeit** und **Dynamik der Kommunikationsbeziehungen** einer demokratischen Gesellschaft ist die **Voraussetzung für die Stabilität und Kontinuität** der darin ablaufenden Handlungsprozesse und darin bestehenden Handlungssysteme.*

Eine zweite Grundthese lautet:

Grundhypothese (2):

Organisationen müssen darum bemüht sein, mit der Öffentlichkeit einen Kommunikationsprozess in Gang zu setzen und über alle Schwierigkeiten des Alltags hinweg aufrechtzuerhalten, der allmählich zu einer ***Verständigung*** *führt. Blockierendes, Störendes und Angstmachendes soll in einer Atmosphäre gegenseitiger Verständigungsbereitschaft aufgehoben werden.*

Auf den Aufgabenbereich der PR und Kommunikations-Strategie bezogen lautet eine dritte Grundhypothese:

Grundhypothese (3):

In einer parlamentarisch-freiheitlichen Ordnung müssen Parteien, Verbände, soziale Gruppen ***um Vertrauen in der Öffentlichkeit werben****. Nur so können sie Zustimmung - d. h., im einzelnen, Mitglieder, Verbündete, unterstützendes Verhalten seitens der Öffentlichkeit - erlangen, das benötigt wird, um die Ziele der jeweiligen Organisation zu erreichen.*

Eine Kommunikationsbeziehung kann aber nur dann Bestand haben und lebendig erhalten werden, wenn die Kommunikationspartner zeigen können, dass es für sie einen gemeinsamen Grundbestand an Standards und Regeln gibt, den sie in ihrem Verhalten befolgen.

So kann die Beziehung einer Organisation zur Öffentlichkeit nur dann Bestand haben, wenn sich die Organisation zu der ethischen Minimalprämisse der gesellschaftlichen Verantwortung und Wahrung des öffentlichen Wohls bekennt.

Auf den Bereich von Wirtschaftsunternehmen bezogen lassen sich hieraus weitere Hypothesen für die Öffentlichkeitsarbeit ableiten.

Hypothese zu Wirtschaftsunternehmen (1):

Eine wirtschaftliche Unternehmung kann nur dann Bestand haben, wenn ihre Leitung den ***eigenen Gewinn*** *und das* ***allgemeine öffentliche Wohl*** *als* ***untrennbar*** *zusammenhängend betrachtet.*

Es gibt einen vitalen Zusammenhang zwischen privaten und öffentlichen Interessen, zwischen dem Gewinnstreben der Unternehmensleitung und ihrer Verantwortung gegenüber der Gesellschaft.

Daraus ergibt sich als weitere Hypothese der PR der unternehmerischen Wirtschaft:

Hypothese zu Wirtschaftsunternehmen (2):

*Die **PR von Unternehmungen** haben die Aufgabe, für die Erzeugnisse oder Dienstleistungen **Aufnahmebereitschaft und Verständnis** zu gewinnen, indem sie belegen, dass die Leistungen des Unternehmens **mit den Interessen freier Menschen in einer freien Gesellschaft** vereinbar sind.*

Bisher sind solche Hypothesen aufgelistet worden, die auf der abstrakten Ebene einer PR-Theorie angesiedelt sind. Unter Einbeziehung konkreter wirtschaftlicher Fakten lassen sich für Wirtschaftsunternehmen konkretere Hypothesen ableiten:

Hypothese zu Wirtschaftsunternehmen (3):

*Tatsache ist, dass Unternehmungen in ständiger **Konkurrenzbeziehung** zu anderen Unternehmungen stehen und gleichzeitig bemüht sind, ihre Wettbewerbssituation hinsichtlich Absatz und Gewinn zu verbessern.*

Da die allgemeinen Geschäftskosten wie Löhne und Gehälter, Material und Dienstleistungen, Verwaltung im großen und ganzen festliegen, kann kein Unternehmen annehmen, auf diesen Gebieten entscheidende Vorteile gegenüber den Konkurrenten zu erzielen.

*Die Einzelunternehmung muss daher in wachsendem Maß Programme zur **Förderung der Kundenbeziehung** entwickeln, um sich auf diesem Weg Wettbewerbsvorteile zu verschaffen.*

Auf die Kommunikation von Wirtschaftsunternehmungen bezogen bedeutet das dann:

Hypothese zu Wirtschaftsunternehmen (4):

*Ziel der **Public Relations** ist die Schaffung von **gutem Willen** und **Vertrauen** der Kunden in die Unternehmung und ihre Produkte und Dienstleistungen sowie die **Sicherung von Absatz und Gewinn**.*

Zur Veranschaulichung soll der Einsatz von Theorie und Hypothesen im Rahmen der Situationsanalyse an einem Beispiel entwickelt werden.

6. Förderung der Kundenbeziehungen durch Serviceleistungen.

Als Beispiel soll die Wettbewerbssituation eines Computerherstellers dienen, der wachsende Schwierigkeiten hat, sich gegenüber Wettbewerbern mit Produkten auf gleichem Preis- und Qualitätsniveau durchzusetzen.

Wie gesehen durchläuft die Situationsanalyse - legen wir den im Bereich der wissenschaftlichen Forschung ausgearbeiteten Standard zugrunde - vier Grundschritte:

In der Erkundungsphase werden erste empirische Betrachtungen verarbeitet. In der theoretischen Phase wird anschließend aus einer allgemeinen Theorie die zu überprüfende spezielle Hypothese abgeleitet. In der Überprüfungsphase wird die Hypothese aufgrund von empirischen Erhebungen geprüft. In der Entscheidungsphase wird dann untersucht, ob die Untersuchungsergebnisse dafür sprechen, dass mit der Theorie weitergearbeitet werden kann.

In der Erkundungsphase stellt der Computerhersteller zunächst fest, dass er im Verhältnis zu seinen Konkurrenten an Umsatz eingebüßt hat.

Sein PR-Berater sucht nach möglichen Ursachen in der Kommunikationssituation. Er stellt fest, dass die Konkurrenz mit ihren Serviceleistungen wirbt und unbürokratische Soforthilfe bei Reklamationen verspricht.

In der theoretischen Phase rekurriert der PR-Berater auf die Grundprämisse unternehmerischer Public Relations:

Ziel von Public Relations ist die Schaffung von gutem Willen und Vertrauen der Kunden in die Unternehmung, in ihre Produkte und Dienstleistungen sowie die Erzielung eines erhöhten Absatzes und steigenden Gewinns.

Daraus und aus dem Ergebnis der ersten Situationserkundung leitet er folgende Hypothese ab:

Hypothese zur Kundenbeziehung:

Vernünftige und kulante Handhabung der Garantieleistungen, Hilfe bei Reklamationen, Beratung über den Kauf hinaus erhöht das Vertrauen in das Produkt und das anbietende Unternehmen und verbessert die Umsatzchancen.

In der Überprüfungsphase analysiert der PR-Berater zunächst die Marktstellung der Konkurrenten. Im einzelnen wird untersucht, wie Marktstellung, Absatzzahlen auf der einen Seite mit den gebotenen Serviceleistungen und der Bedeutung von Serviceleistungen als Thema der PR auf der anderen zusammenhängen.

Dabei wird ein enger Zusammenhang zwischen erhöhten Absatzzahlen, zunehmender Marktbedeutung und der Betonung von guten Serviceleistungen in der Öffentlichkeitsarbeit ermittelt.

Die damit zunächst bestätigte Hypothese wird dann in einem weiteren Zwischenschritt der Überprüfungsphase auf das Umfeld des Unternehmers selbst übertragen und geprüft.

Dazu untersucht der PR-Berater im einzelnen, wie die Serviceleistungen bei unserem Computerhersteller gehandhabt werden und welche Rolle solche Serviceleistungen in der Kommunikation mit dem Kunden spielen. Informationen hierzu verschafft sich der PR-Berater durch die Beobachtung der Handhabung der Serviceleistungen im Geschäftsalltag. Von besonderem Interesse sind die Auslobungsargumente des Verkaufspersonals im Kundengespräch.

Durch persönliche Gespräche mit Kunden und durch eine Fragebogenaktion, bei der Kunden vom Unternehmen angeschrieben und um die Beantwortung einiger Fragen gebeten werden, wird überprüft, welchen Stellenwert die Serviceleistungen des Unternehmens in seinem Image beim Kunden haben.

Während der Computerhersteller seine Serviceleistungen bisher für ausreichend gehalten hatte, ergibt sich nach diesen Untersuchungen, dass die gebotenen Leistungen im Vergleich zur Konkurrenz zu kurz kommen und das Unternehmen mit Garantieleistungen nicht kulant genug verfährt. Darüber hinaus werden selbst die bereits gebotenen Leistungen im Verkaufsgespräch zu wenig angesprochen und zu wenig ausgelobt.

Entsprechend wird nun der Unternehmer davon überzeugt, dass er auf der einen Seite seine Serviceleistungen auszubauen hat und auf der anderen Seite diese Serviceleistungen zu einem Schwerpunktthema seiner Kommunikation mit den Kunden machen sollte.

Damit ist nun die Phase der Situationsanalyse abgeschlossen. In den nächsten Schritten können die ermittelten Einsichten umgesetzt werden.

In der Planungsphase wird das Servicethema zum Grundmotiv einer Kommunikations-Kampagne gemacht. Die bestätigte Hypothese über den Zusammenhang von ausgesprochen guten Serviceleistungen und der Marktbedeutung eines Unternehmens wird in der Durchführungsphase in Slogans für Anzeigentexte, in der textlichen Gestaltung einer Unternehmensbroschüre umgesetzt und mittels Kundenberatungsmanuals dem Verkaufspersonal an die Hand gegeben.

Schließlich wird der Erfolg der Kommunikation anhand der Umsatzzahlen, durch Gespräche mit Kunden usw. überprüft. Aufgrund der Einsicht in die Wirksamkeit einzelner Kampagnenelemente ergibt sich dann auch die Möglichkeit, Öffentlichkeitsarbeit zu optimieren, indem besonders erfolgreiche Einzelmaßnahmen weiter ausgebaut werden.

7. Die Hypothesen-Geleitetheit der Public Relations

Als erstes Ergebnis hat das gegenwärtige Kapitel ergeben, dass der bei Betrachtung von Public Relations festgestellte Durchlauf von Hauptphasen wie Situationsanalyse, Planung von Aktionen, der Durchführung und der Erfolgskontrolle kein Spezifikum der PR ist. Der Ablauf dieser Schritte leitet sich aus der Grundstruktur des menschlichen Handelns ab.

Die Situationsanalyse selber hat im konkreten Fall vier mehr oder weniger stark differenzierte Aspekte. Die Erkundungsphase bezeichnet den Vorgang der ersten Informationssammlung und -verarbeitung. In der theoretischen Phase wird unter Rückgriff auf Hypothesen einer allgemeinen Theorie eine spezielle Hypothese mit Bezug zum in der Aufgabenstellung definierten Problemfeld hergeleitet. In der Überprüfungsphase wird diese Hypothese und besonders die durch sie definierte Vermutung über die kausalen Zusammenhänge der Kommunikationssituation anhand einer Konfrontation mit der Realität überprüft. Die Beurteilung der Brauchbarkeit der Hypothese und die Entscheidung darüber, ob sie der weiteren Planung und Durchführung von Kommunikations-Maßnahmen zugrundegelegt werden soll, erfolgen in der Entscheidungsphase.

Kern der Situationsanalyse ist damit die theoretische inhaltliche Vorarbeit, durch welche die Wirkungszusammenhänge der Kommunikation von Organisation und Öffentlichkeit erfasst werden.

Diese Überlegungen weisen nicht nur auf die Hypothesen-Geleitetheit der Situationsanalyse hin. Sie zeigen die Orientiertheit der Public Relations an gewissen Hypothesen insgesamt. Erst mittels einer Theorie, dem Erklärungspotential eines Systems von miteinander verbundener Hypothesen wird es möglich, Kommunikation zu erklären und schließlich abzuschätzen, mit welchen Eingriffen die betrachteten Kommunikationsprozesse in eine bestimmte Richtung zu beeinflussen sind. Hypothesen sind genauso Grundlage für die Situationsanalyse wie für die Planung und die Durchführung von Kommunikations-Aktivitäten.

Der Erfolg der Öffentlichkeitsarbeit hängt davon ab, wie zutreffend die vom PR-Berater berücksichtigten Hypothesen die Wirkungszusammenhänge der Kommunikation erfasst haben. Darüber hinaus kommt es auf formal korrekte Ableitung der konkreten Kommunikations-Strategie aus der geprüften und bewährten Hypothese an, also darauf, dass die vom PR-Berater entworfenen Kampagnen das ermittelte Wissen über die Kommunikation adäquat umsetzen helfen.

Kapitel 3:

Kreativität als Voraussetzung von Kommunikations-Strategien

1. Das Analyse-Schema für die Praxis des PR-Beraters

Ziel dieses Buchs ist die Entwicklung eines konzeptionellen Hilfsmittels, das den Kommunikations-Berater bei der Durchführung seiner Situationsanalyse anleiten soll.

Die vorhergehenden beiden Kapitel haben die Voraussetzungen eines solchen begrifflichen Instrumentariums untersucht.

Für die Situationsanalyse am Anfang jeder Öffentlichkeitsarbeit soll ein standardisierter Leitfaden der detaillierten Recherche genutzt werden. Analyseergebnisse sollen weit über das allseits schon Bekannte und Geläufige hinaus einen tiefen Einblick in die Herausforderungen und Chancen einer Kommunikationsbeziehung verschaffen.

Das hier vorgestellte Analyse-Schema ermöglicht die Beschreibung und Erfassung von interaktiven Prozessen, macht erklärungsrelevante Fakten einer Kommunikationssituation ablesbar, berücksichtigt den Rahmen der Auftragsstellung und fügt alles zu einem geschlossenen Gesamtbild zusammen.

Im ersten Kapitel sind vorab schon einige grundlegende Anforderungen an den PR-Berater und seine Grundaufgabe formuliert worden - Informationen sammeln, aufbereiten und in ein analytisches Bild bringen.

Nachdem das zweite Kapitel als Ergebnis der Überlegungen zu diesem Schema die Hypothesen-Geleitetheit der Situationsanalyse aufgedeckt hat, gilt es nun, diese zu Beginn formulierten Ansprüche an ein Analyse-Schema zu präzisieren.

2. Das deduktive Vorgehen im Problemlösungsprozess

Als besonders dringlich erscheint die Forderung nach Vollständigkeit der Informationserfassung. Die relevanten Informationen zur Kommunikationsbeziehung von Organisation und Öffentlichkeit sollen hinreichend berücksichtigt werden.

Eine weitere Forderung betrifft die Objektivität der Darstellung der Ausgangssituation. Frei von persönlichen Wünschen und Vorurteilen soll die vorliegende Situation objektiv bewertet und gedeutet werden.

Darüber hinaus hat der Berater alle relevanten Informationen zu einem treffenden und stimmigen Bild zusammenzustellen. Von der vorgelegten Situationsanalyse wird Nachvollziehbarkeit für den Auftraggeber verlangt.

Die Situationsanalyse ist im Kern nichts anderes als ein Ableitungsverfahren, das Hypothesen über eine Kommunikations-Ausgangslage aus einer allgemeinen Theorie ableitet, die im Folgenden geprüft wird. In den Schritten Planung und Durchführung von Kommunikations-Maßnahmen wird diese Hypothese der Realisierung der Öffentlichkeitsarbeit zugrundegelegt.

Bei diesem Vorgehen kommt ein weit verbreitetes deduktives Modell des Problemlösungsverhaltens zum Einsatz.

Erst aufgrund von im Vorfeld aufgestellter allgemeiner Annahmen und Hypothesen, die dann in überprüfbare Bestandteile umgesetzt, operationalisiert und an der Wirklichkeit getestet werden, erfolgt das Konzipieren von Strategien zur Beeinflussung von Wirkungszusammenhängen im kommunikativen Umfeld einer Organisation.

Eine Hypothese, die dabei einer Überprüfung standgehalten hat, gilt als vorläufig richtig aber niemals als endgültig verifiziert.

Da Hypothesen im Problemlösungsprozess prinzipiell der Kritik und der Möglichkeit der Revision unterliegen, gibt es kein für alle Zeiten feststehendes empirisches Wissen. Auch gibt es keine einzelne Darstellung eines Sachverhalts, welche die allein zutreffende wäre.

Die Realität wird in dem Ausschnitt und unter dem Aspekt gesehen, welcher die zum Einsatz kommende Fragestellung und die genutzte Hypothese festlegen. Es gibt unterschiedlichste Selektionsmuster, mit deren Hilfe die Realität betrachtet werden kann.

Hieraus ergibt sich, dass die Forderung nach Vollständigkeit der Informationserfassung grundsätzlich zu relativieren ist. Eine Analyse einer Kommunikationssituation ist nie umfassend in dem Sinne, dass alle theoretisch erwägbaren Daten berücksichtigt werden. Vollständigkeit versteht sich mit Bezug auf die Hypothesen-Geleitetheit des Problemlösungsprozesses als möglichst vollständige Berücksichtigung der Informationen, welche das Zutreffen der zugrundegelegten Hypothese vorläufig hinreichend bestätigen.

Es gibt in diesem Sinne auch keine Unvoreingenommenheit der Informationsaufnahme und -verarbeitung im Sinne einer bloßen Verarbeitung beliebiger Daten. Die Analyse der Erfahrungswelt ist stets durch die konkrete Aufgabenstellung, die verwendete Theorie und durch die abgeleitete Hypothese geleitet und strukturiert.

Entsprechend ist die Nachvollziehbarkeit des vom Berater vorzulegenden analytischen Gesamtbildes kein absoluter Wert an sich, sondern muss wiederum vor dem Hintergrund der Hypothesen-Geleitetheit des Problemlösungsverhaltens gesehen werden. Die Nachvollziehbarkeit seiner Analyse hängt von der Überzeugungskraft der zugrundegelegten Hypothese und von ihrer Bewährtheit angesichts empirischer Überprüfung ab.

3. Das methodische Handwerkszeug zur Durchführung der Situationsanalyse

Im zweiten Kapitel erbrachte die Untersuchung der Struktur des Problemlösungsverhaltens weitere Einblicke in die Erfordernisse einer soliden Situationsanalyse. Dabei zeigte sich, dass die Erfassung der Empirie eine Erkundungsphase, eine theoretische Phase, eine Überprüfungsphase und eine Entscheidungsphase durchläuft, bis es zu einer Formulierung von Handlungsstrategien und -taktiken kommen kann.

Die methodisch saubere Situationsanalyse setzt die Anwendung einer Reihe von Methoden voraus, die im Bereich der wissenschaftlichen Methodenlehre untersucht werden und in Lehrbüchern etwa der allgemeinen wissenschaftlichen Propädeutik und der empirischen Sozialwissenschaft festgehalten sind.

Eine Situationsanalyse ist in dem Maße vollständig, objektiv und nachvollziehbar, in dem sie ausreichend an rationalen und überprüfbar sachgerechten Vorgehensweisen erfolgreicher Empiriker orientiert ist.

Vollständigkeit, d.h., hinreichende Vollständigkeit in der Berücksichtigung relevanter Informationen, Objektivität und Nachvollziehbarkeit sind keine absoluten Werte an sich, sondern verstehen sich als Bewertungen der Qualität der Situationsanalyse, für die es im Bereich der wissenschaftlichen Forschung definierte, bewährte Maßstäbe gibt.

Während für die Erkundungsphase als einer ersten Informationssichtung wenige methodische Standards berücksichtigt werden müssen, erfordert die theoretische Phase der Situationsanalyse die Anwendung eines genau definierten methodischen Rüstzeugs. In dieser Phase ist im einzelnen zu prüfen, ob die verwendete Theorie präzise genug definiert ist, ob die Definitionen logisch konsistent sind, ob die Theorie empirisch prüfbar ist und ob die Arbeitshypothese korrekt aus der Theorie hergeleitet ist.

Das hier anzuwendende Instrumentarium der formalen Logik zeigt sich damit als unverzichtbares methodisches Handwerkszeug der theoretischen inhaltlichen Vorarbeit zur Situationsanalyse.

Die Überprüfungsphase, in der die zugrundegelegte Hypothese getestet wird, erfordert die Beherrschung der Grundregeln der Untersuchungsplanung, der Datenerhebung und -auswertung. Darüber hinaus sind zu berücksichtigen: die Regeln der test-theoretischen Bewertung von Untersuchungsdaten sowie die Regeln der darstellenden Statistik und der analytischen Statistik.

Erst aufgrund der geprüften Hypothese kann in der Entscheidungsphase beschlossen werden, diese Hypothese zur Grundlage der folgenden Schritte der Public Relations zu machen **(siehe Abb. 7)**.

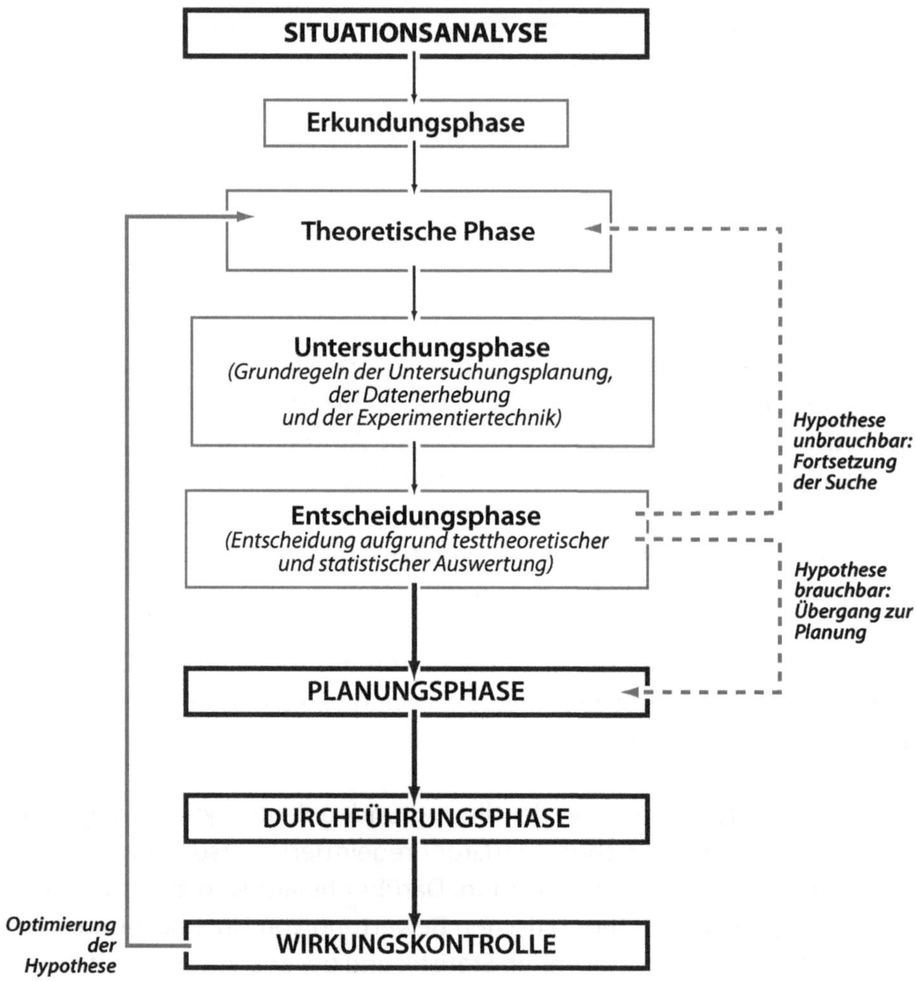

Abb. 7: Das Phasenmodell der PR

Eine Situationsanalyse ist umfassend, wenn die der Analyse zugrundeliegende Hypothese einen möglichst weiten Anwendungsbereich in der Praxis hat und darüber hinaus möglichst gründlich geprüft wurde. Sie ist insoweit objektiv, als sich die Hypothese während der Überprüfung bewährt hat und mit den Gegebenheiten der analysierten Kommunikationssituation übereinstimmt. Sie ist nachvollziehbar, wenn gezeigt werden kann, dass alle Analysephasen

- *die Ableitung der speziellen Hypothese aus einer Theorie,*
- *das nachfolgende Überprüfungsverfahren,*
- *die Interpretation der Erhebungsdaten*
- *und die anschließende Entscheidung über die Verwendbarkeit der Hypothese*

logisch folgerichtig aufeinander aufbauen.

4. Kreativität und Methodik

Das alles lässt es so aussehen, als hätte es der Kommunikations-Berater bei der Situationsanalyse im wesentlichen mit dem Formalismus von Ableitungsregeln, Regeln der empirischen Sozialforschung und der Statistik zu tun.

Kann unter diesen Umständen von einem Kommunikations-Berater erwartet werden, dass er kreative und originelle Problemlösungen liefert? Dass er zeigt, wie man in einer konkreten Situation die Aufmerksamkeit der Öffentlichkeit erregt, Interesse weckt und im weiteren Vertrauen schafft?

Ein Kommunikations-Berater hat unter Zugrundelegung von ihm vorgegebenen Zielvorgaben und angesichts einer Reihe von zu berücksichtigenden Bedingungen Lösungen für komplexe Kommunikationsaufgaben zu entwickeln, hat sich Aktionen zu überlegen und bestimmte Zielgruppen ansprechende Botschaften und Texte zu entwickeln.

Es wird von ihm erwartet, dass er für seine Aufgabe innovative und möglichst noch nicht da gewesene Lösungen findet.

So stellt sich die Frage, wie ein Kommunikations-Berater kreativ werden kann, wenn er sich mit den Formalismen »herumschlägt«, die die methodischen Erfordernisse der Situationsanalyse mit sich bringen.

Unvereinbar stehen sich scheinbar auf der einen Seite die Kreativität, die vom Berater erwartet wird, und auf der anderen die Forderung gegenüber, Hypothesen zum Kommunikationsprozess von Organisation und Öffentlichkeit logisch herzuleiten und methodisch streng zu prüfen.

Dieser Widerspruch erweist sich als Ergebnis der Fehleinschätzung der Rolle von Methodik in der Situationsanalyse.

Ein Widerspruch zwischen Kreativität und Methodik besteht nicht.

Die in der Methodologie angebotenen Schemata - etwa für brauchbare Hypothesen, adäquate Erklärungen, für die Prüfung und die Bewährung von Hypothesen - sind als Anweisungen zur Umsetzung von kreativen Lösungen zu verstehen.

Diese Anweisungen legen nicht a priori fest, wie der Kommunikations-Berater die Problemsituation zu deuten und welche Problemlösungen er vorzuschlagen hat. Sondern diese Anweisungen beziehen sich jeweils auf die Überprüfung von Hypothesen, im Weiteren auf die Aufdeckung deren Vorzüge und Schwächen und auf deren Verbesserung. Sie sind Auslöser für die Suche nach alternativen Theorien, Hypothesen, Erklärungen, aufgrund derer letztlich dann Problemlösungen entwickelt, formuliert und einer vergleichenden Bewertung unterzogen werden können.

Je präziser der Kommunikations-Berater bei der Verarbeitung der Informationen der Ausgangssituation und der Formulierung seiner Hypothesen ist, desto detaillierter sind die Tatsachenzusammenhänge, die er systematisiert.

Entsprechend detailliert und erfolgversprechend sind die Problemlösungen, die er aufgrund der Situationsanalyse vorschlagen kann.

Um kreativ zu sein, reicht es nicht aus, phantasiebegabt zu sein. Statt dessen verschafft sich der Berater zunächst unter Maßgabe einer Theorie und einer Hypothese einen detaillierten Überblick über die Tatsachenzusammenhänge. Die einfallsreichste Kampagne ist nicht wirklich kreativ, führt zu keiner wirksamen Problemlösung, wenn diese nicht genau auf die Ausgangssituation zugeschnitten wurde.

Je größer der Erfahrungshorizont ist, den die Theorie und die Hypothese aufschließen, desto größer wird der Handlungsspielraum für den PR-Berater und seine sich der Situationsanalyse anschließende Planung und Realisierung von PR-Aktivitäten.

Die Formulierung einer Theorie und die Bildung von Hypothesen ist dabei offensichtlich der eigentliche und ursprünglich kreative Vorgang, der zur Entwicklung von Kommunikations-Maßnahmen, Kommunikations-Aktionen und Kampagnenmotiven führt.

Die methodischen Anforderungen an die Situationsanalyse sind grundsätzlich nicht »unkreativ«. Die angesprochenen methodischen Regeln der Situationsanalyse unterstützen die Kreativität und die Anwendung der Problemlösungen des Beraters, verhelfen zu einer Präzisierung seiner Ideen. Sie zeigen allerdings nicht, wie Theorien erfunden werden, woher Einfälle für Hypothesen zu Kommunikations-Mechanismen bezogen werden können.

Die formalen Regeln des methodischen Handwerkszeugs der Situationsanalyse sind in einem Kanon der wissenschaftlichen Forschungsregeln festgelegt und brauchen nicht erfunden zu werden.

Ungeklärt ist bisher, woher der Kommunikations-Berater im konkreten Fall Theorien und Hypothesen seiner Situationsanalyse beziehen kann, die Ausgangspunkte für die kreative Lösung von Problemen zu werden versprechen.

Wer für die Situationsanalyse in der Praxis des Kommunikations-Beraters Hilfestellung geben will, sollte eine Anleitung zur Erfindung und Formulierung von Hypothesen und Theorien geben können.

5. Der Begriff der Kreativität

Gesucht ist damit ein Konzept, mit dessen Hilfe das Suchen und Finden von Einfällen und originellen Lösungen steuern kann.

»Kreativität« bezeichnet das schöpferische Denken und die Möglichkeit eines Individuums, bei Problemlösungsvorgängen neue Beziehungen zu finden, flüssig und flexibel neuartige Einfälle und originelle Lösungen zu produzieren.

Welche einzelnen Kriterien das gesuchte Konzept bzw. Schema zu erfüllen hat und es dazu tauglich macht, den Berater bei seiner Suche nach weiterführenden Hypothesen und Einsichten anzuleiten, zeigt eine Untersuchung dieses Begriffs.

Kreativität ist allgemein gesprochen die spontane Einstellung eines Individuums gegenüber Denkaufgaben. Welche Hirnprozesse im einzelnen kreatives Verhalten ermöglichen, lässt sich bisher weder durch kognitive Psychologie noch durch Neurowissenschaften exakt bestimmen. Begriffe wie Intelligenz, Begabung und Kreativität sind sogenannte Konstruktbegriffe und keine direkt beobachtbaren Größen. Wir können Kreativität nur mittelbar, d.h., aus der beobachteten Leistung vermeintlich kreativen Verhaltens erschließen.

Kreative Personen unterscheiden sich von weniger kreativen vor allem durch die Originalität ihrer Leistungen, durch ihren Ideenreichtum, durch ihre kognitive Beweglichkeit, die Fähigkeit zur Umstrukturierung und der besonderen Fähigkeit zur Lösung unklarer Probleme.

Kreatives Problemlösungsverhalten zeichnet sich insbesondere dadurch aus, dass komplexe Probleme durch verschiedene Stufen der Umstrukturierung gelöst werden. Der kreative Problemlöser ist für die Vielschichtigkeit der betrachteten Realität sensibel und hat die Fähigkeit zum systematischen Vorgehen.

Der in der Psychologie im Detail untersuchte Konstruktbegriff Kreativität hat drei wesentliche Aspekte, die für unsere Überlegungen von besonderer Bedeutung sind.

(1) Problemsensitivität:

Zum Kreativitätsbegriff gehört die Vorstellung von einer besonderen Fähigkeit, Probleme zu erkennen, Mängel oder Fehler an gebräuchlichen Werkzeugen oder sozialen Institutionen zu erkennen und zu identifizieren.

(2) Neubestimmung und Redefinition

Hiermit ist die Fähigkeit zur Improvisation angesprochen. Problemlösungen gelten als kreativ, wenn ihre Lösungsstrategien deutlich mit der geläufigen Interpretation der betreffenden Themen brechen.

(3) Flexibilität des Denkens.

Zum Begriff der Kreativität gehört die Vorstellung von einer Flexibilität des Denkens, d.h., einer besonderen Fähigkeit zur Produktion einer größeren Zahl nuancenreicher Ideen für außergewöhnliche Problemlösungen.

6. Leistungsanforderungen an das Analyse-Schema

Schließen wir diese Vorüberlegungen ab:

Im nächsten Schritt wird ein »Kreativ-Konzept« im einzelnen vorgestellt werden, dessen elementare Voraussetzungen hier in den ersten drei Kapiteln diskutiert wurden.

Dieses Konzept oder Schema, mit dem der erste Schritt der Entwicklung von Kommunikations-Strategien systematisiert werden soll, muss - um seiner Aufgabe gerecht zu werden - einige elementare Leistungen erbringen, die hier noch einmal zusammengefasst werden:

- *Es muß über ein begriffliches Instrument verfügen, das die Beschreibung und Erfassung interaktiver Prozesse ermöglicht. - Das ist eine besondere Herausforderung: Nicht jeder Begriffsrahmen versetzt in die Lage, dynamische Interaktionsprozesse zu erfassen. Die meisten traditionellen Denkmodelle, auf die konzeptionelle Schemata aufbauen, begünstigen eine eher statische Interpretation dieser Prozesse.*

- *Dieses Schema soll den Anwender in die Lage versetzen, die erklärungsrelevanten Fakten einer Kommunikationssituation zu identifizieren.*

- *Darüber hinaus muss das Schema Ansätze enthalten zum Zeichnen eines geschlossenen Gesamtbildes, das neben den Analyseergebnissen deutlich den Rahmen abbildet, den der Auftraggeber dem Kommunikations-Berater durch seine Aufgabenstellung vorgibt.*

- *Die durch das Schema angeleitete Analyse muss am zu lösenden Kommunikationsproblem ansetzen und darf keine vom Problemlösungsvorhaben unabhängige, neutrale Beschreibung der betrachteten Kommunikationssituation sein.*

Weitere Ansprüche, die an das zu formulierende Schema gestellt werden, ergeben sich aus den Ergebnissen der Untersuchung des Begriffs der Kreativität.

- *Das Schema soll zu einer gesteuerten Problemsensitivität und Sensibilität für die Vielschichtigkeit der betrachteten Realität verhelfen. Das Schema soll damit die Fähigkeit unterstützen, Mängel und Fehler an sozialen Interaktionen und auch an Institutionen zu identifizieren.*

- *Das Schema muss die Neubestimmung und Redefinition von Problemzusammenhängen ermöglichen. Es soll dazu anleiten, komplexe Probleme durch verschiedene Stufen der Umstrukturierung in fassbare Teilaspekte zu zerlegen.*

- *Die Anwendung des gesuchten Schemas soll den Kommunikations-Berater flexibel machen in seinem Problemlösungsverhalten, d.h., es soll Anregungen für die Bildung einer ganzen Fülle von nuancierten Lösungsideen geben, die das Problem aus den verschiedensten Perspektiven beleuchten.*

Kapitel 4:

Kommunikation entschlüsseln

1. Die Erfahrung leitende Denkmodelle

Wir machen unsere Erfahrung mit der Welt als menschliche Wesen und müssen deshalb eine ganze Reihe von Erkenntnis-Beschränkungen akzeptieren. Wir nehmen die Dinge in unserer Umgebung aufgrund individueller Interessiertheit an ihnen mit jeweils individueller Empfänglichkeit - »Rezeptivität« - und individuell ausgeprägtem Verständnis für die empirischen Zusammenhänge wahr.

Wir analysieren die von uns für wichtig gehaltenen Erfahrungsdaten, indem wir auf die verschiedensten kognitiven Bezugsrahmen und Denkmodelle zurückgreifen. Wir begegnen der Welt somit nicht passiv, sondern wir schaffen ein in manchen Aspekten kreativ gestaltetes Konzept von dieser Welt.

Im Alltagsleben sind uns solche Modelle und die damit verbundenen Konzepte nicht bewusst.

Gleichwohl ist die Bewusstmachung dieser das Bild von der Realität mitkonstituierenden Bezugsrahmen möglich und auch nötig, um den Gang der Erfahrung zu kontrollieren und gezielt zu verbessern. Gerade bei der Entwicklung von Kommunikations-Strategien, wo es darum geht, Analyseergebnisse durch den geplanten Einsatz von begrifflichen Hilfsmitteln zu optimieren, ist eine solche Bewusstmachung und Diskussion von erfahrungsleitenden Denkstrukturen wichtig.

2. Kybernetik

Es traten in der bisherigen Geschichte der Wissenschaften eine Vielfalt an erfolgreichen Modellen auf, die Theoretiker und Forscher als »Ideengeneratoren« bei der Erforschung und Erklärung von Sachverhalten anleiten konnten. Schauen wir uns um, ob eines dieser Modelle zu unserer Aufgabenstellung passt:

Für ein Schema zur Unterstützung des ersten Schritts von Public Relations - der Analyse der Ausgangssituation - benötigen wir ein Modell, das insbesondere zur **Erfassung interaktiver Prozesse und von Kommunikation** tauglich ist.

Eine ganze Fülle von Modellen und Modellvarianten, die Interaktions- und Kommunikationsprozesse zum Gegenstand haben, kommt aus dem Bereich der Kybernetik. Kybernetik bezeichnet die systematische Beschäftigung mit Kommunikations- und Steuerungsvorgängen in technischen Artefakten aber auch in Organisationen aller Art.

Die für die Analyse solcher Vorgänge entworfenen Begriffsrahmen arbeiten mit der Konzeption von Systemen, die durch Rückkopplungsvorgänge bestimmte Gleichgewichtszustände gegenüber äußeren Einflüssen aufrechterhalten. Diesen Systemen wird darüber hinaus die Fähigkeit zugeschrieben, durch Selbstorganisation ihrer Struktur und durch Anpassung an die Außenwelt zu lernen, sich zu entwickeln und sich selbst zu reproduzieren.

Die Anwendung kybernetischer Modelle hat besonders im Bereich der Naturwissenschaften zu großen Erfolgen geführt, etwa in der Biophysik, der Biochemie und der Molekularbiologie. Kybernetisches Denken hat aber auch Eingang in die Sozial- und Wirtschaftswissenschaften gefunden und dabei zur Bildung der verschiedensten eigenständigen theoretischen Ansätze geführt.

In kybernetischen Modellen bekommt der Begriff der Kommunikation zentrale Bedeutung. Kommunikation wird als zusammenhaltendes und verknüpfendes Medium verstanden. Im Rahmen der gesellschaftlichen Interaktionsvorgänge werden aus strukturlosen Ansammlungen von Einzelpersonen soziale Gruppen mit Organisations-Charakter. Kommunikation begünstigt Bemühungen darum, Organisationen zusammenzuhalten und befähigt die Mitglieder einer Gruppe, gemeinsam wahrzunehmen, zu denken und zu handeln.

Neben der Erfassung von Kommunikationsprozessen ist die Fähigkeit, **erklärungsrelevante Fakten ablesbar zu machen**, die wesentliche Leistung, welches das im vorliegenden Papier zu ermittelnde Schema zu erfüllen hat.

Um das Erklärungspotential des kybernetischen Modells zu beleuchten, wird im Folgenden ein kurzer Abriss der Grundbegriffe und Denkweisen der Kybernetik vorgelegt.

3. Der Begriffsrahmen kybernetischer Modelle

Ein Zentralbegriff des kybernetischen Modells ist der Begriff der **Rückkopplung**. Mit Rückkopplung wird eine Vorrichtung oder ein Mechanismus bezeichnet, über den sich ein System einen Teil seiner Energieausgabe zu Steuerungszwecken selbst als Eingabe wieder zuführt.

Dahinter steckt eine Funktion, die jedem vom Umgang mit elektronischen Steuerungsgeräten oder etwa von der Betrachtung des menschlichen Nervensystems her vertraut ist. Durch Rückmeldungen über die Ergebnisse der Aktivität eines Systems wird der Energieeinsatz und die nach außen abgegebene Leistung dieses Systems an eine bestimmte angestrebte Zielgröße angepasst.

Wird beispielsweise ein Haus durch eine mit Thermostaten ausgestattete Zentralheizung geheizt, so wird im Winter durch das Öffnen eines Fensters die Temperatur in einem Raum sinken. Der Thermostat der Heizung registriert den Wärmeverlust, und das gesamte Heizsystem reagiert mit Leistungserhöhung und erhöhter Wärmeabgabe, um das Ziel, das Einhalten einer bestimmten Temperatur zu erreichen. Erfasst das System über den Thermostaten, dass die Zieltemperatur erreicht oder gar überschritten ist, wird die Leistung wieder gedrosselt.

Das Heizsystem hat sich also zur Steuerung seiner Leistung über den Thermostaten ständig einen kleinen Teil der abgegebenen Wärmeenergie selbst wieder zugeführt. Das Resultat der Wärmeabgabe der Heizung im Haus und die Energieumsetzung in Wärme durch den Heizkessel stehen in einer Rückkopplungsbeziehung.

Ein weiteres wichtiges Konzept des Begriffsrahmens kybernetischer Modellbildung schließt sich hier direkt an: Über dieses Rückkopplungsnetzwerk realisiert ein System die **Selbststeuerung** seiner Aktivitäten.

Rückkopplungsnetzwerke sind so aufgebaut, dass sie auf von außen kommende Ereignisse automatisch in einer bestimmten Weise reagieren, bis eine bestimmte Sachlage hergestellt ist. Solange die gewünschten Werte des Idealzustandes nicht vollständig erreicht sind, wird die Tätigkeit des Netzwerks fortgesetzt. Sind die erreichten Werte zu hoch, wird die Tätigkeit angepasst - im Beispiel mit der Heizung wurde die Wärmeleistung gedrosselt.

Ein System erreicht über sein Rückkopplungsnetzwerk eine selbstgesteuerte Anpassung an die sich verändernden Bedingungen seiner Umwelt.

Jeder Rückkopplungsmechanismus ist auf die Erreichung und Erhaltung eines Idealzustands bezogen. Systeme haben damit einen bestimmten »Zweck« oder ein »Ziel«, an dem ihre Aktivitäten orientiert sind.

Das Ziel ist ein Endzustand, in dem das System einen bestimmten gewünschten Zustand erreicht hat.

4. Die Verbundenheit der Realität

Auf diese Modellvorstellung von Systemen, die sich mittels eines Rückkopplungsnetzwerkes selber steuern und gegenüber den Einflüssen der Umgebung erhalten, lässt sich ein Gerüst von fein verflochtenen analytischen Begriffen aufbauen.

Der Vorzug dieses analytischen Begriffsrahmens zeigt sich bei Betrachtung des Problems der großen Abstraktheit, die normalerweise theoretischen Begriffen anhaftet:

Was wir aufgrund unserer Begriffe als »Tatsache« formulieren ist ein »unwirklich« gemachtes Realitätsbild. Denn wir reißen aus der Realität mittels der Begriffe, mit denen wir unsere Erfahrungen formulieren, Aspekte heraus und verlieren möglicherweise die Verknüpftheit mit anderen Aspekten und anderen Tatbeständen aus den Augen.

Eine »Tatsache« ist so gesehen eine Fiktion, ein Ergebnis der Isolierung von Einzelfakten, ohne die wir aber andererseits Realität nicht erfassen können.

In diesem Zusammenhang zeigen die im Rahmen des kybernetischen Modells definierten Begriffe ihre besonderen Vorzüge. So ist beispielsweise der Begriff des Systems ein Instrument, das dazu verhilft, die negativen Konsequenzen der Isolierung von Einzelfakten weitgehend zu vermeiden und in ihren negativen Konsequenzen einzuschränken.

Der Begriff des Systems mildert die letztlich unvermeidbaren Folgen von Abstraktion, indem durch seinen Einsatz die Verbundenheit von Tatbeständen mit anderen Sachverhalten betont und dadurch die Festschreibung von analytischen Trennungen und Abkapselungen hinausgeschoben werden.

»System« ist ein allgemein anwendbarer theoretischer Begriff, der auf jedes Gebilde angewendet werden kann, dessen Elemente und Teilaspekte durch Beziehungen beliebiger Art miteinander verkoppelt sind.

Der Systembegriff bietet weiterhin den Vorteil, beliebige Stufen der analytischen Fokussierung zu ermöglichen. Ist der Analytiker beispielsweise an den Austauschprozessen innerhalb eines Systems interessiert, kann er für die Bestandteile des Gesamtsystems den Begriff des Subsystems verwenden und in der Folge auch diese Subsysteme analytisch in weitere Subsysteme zergliedern. Auf der anderen Seite kann das Gesamtsystem wiederum als Subsystem eines noch umfassenderen anderen Systems betrachtet werden.

5. Der Systembegriff

Der Systembegriff impliziert, dass alle Elemente eines Sachverhalts, der als System interpretiert wird, zusammenhängen und interdependent sind. Veränderungen einzelner Systemelemente wirken mittelbar oder unmittelbar auf andere Systemelemente ein und verändern so den Zustand des Gesamtsystems.

Darüber hinaus lassen sich Systemveränderungen auf Ursachen zurückführen, die im Prinzip der Selbsterhaltung oder im Prinzip des Systemgleichgewichts liegen. Damit ist - wie die Kybernetiker es ausdrücken - »die Tendenz eines Systems angesprochen, bestimmte periphere Variablen zu manipulieren, um die zentralen Eigenschaften konstant zu halten«.

Systeme haben die Fähigkeit der Grenzerhaltung gegenüber ihren Umwelten. Ein System ist in der Lage, zentrale interne Prozesse oder Prinzipien gegenüber Einflüssen der Außenwelt aufrechtzuerhalten. Die Grenze zwischen System und Umwelt ist in diesem Sinne eine Schleuse, welche die Vorgänge außerhalb der Systemgrenze zunächst abhält, Wirkungen aus der Umgebung aufstaut. Die System-externen Vorgänge benötigen Zeit, um eine Dynamik zu entfalten, um Wirkungen auch innerhalb des Systems zu entfalten.

Der Systembegriff impliziert aber nicht nur Verteidigung des Grundzustands von Bestandteilen und Elementen gegenüber der Außenwelt. Auf der anderen Seite klingt in diesem Begriff auch die Verbundenheit und Interaktion mit der Umwelt mit. Systeme stehen in mehr oder weniger enger Verbindung mit anderen Systemen in ihrer Umwelt.

An diesen Aspekt der externen Verbundenheit von Systemen knüpft der Begriff der **Funktion** an. Eine Funktion stellt den Beitrag eines Systems dar, der in andere Systeme in der Umwelt des Ursprungssystems exportiert und dort genutzt werden kann. Mit diesem Begriff ist auch die Richtung angesprochen, die der jeweilige Systembeitrag nimmt: Die Funktion ist »Output« des abgebenden Systems und »Input« des die Funktion konsumierenden Empfänger-Systems.

Innerhalb der Systeme gibt es Sektoren, die für den Export der systemeigenen Funktionen zuständig, und solche, die für den Import von Outputs anderer Systeme verantwortlich sind.

Das System steuert den Export seiner Outputs als Mittel zur Verwirklichung kurz- und langfristiger Ziele. Der Export der systemeigenen Funktion wird daher über ein sogenanntes zielorientierendes Subsystem herausgeleitet, welches das Gesamtsystem auf die Erreichung des Systemziels hinführt.

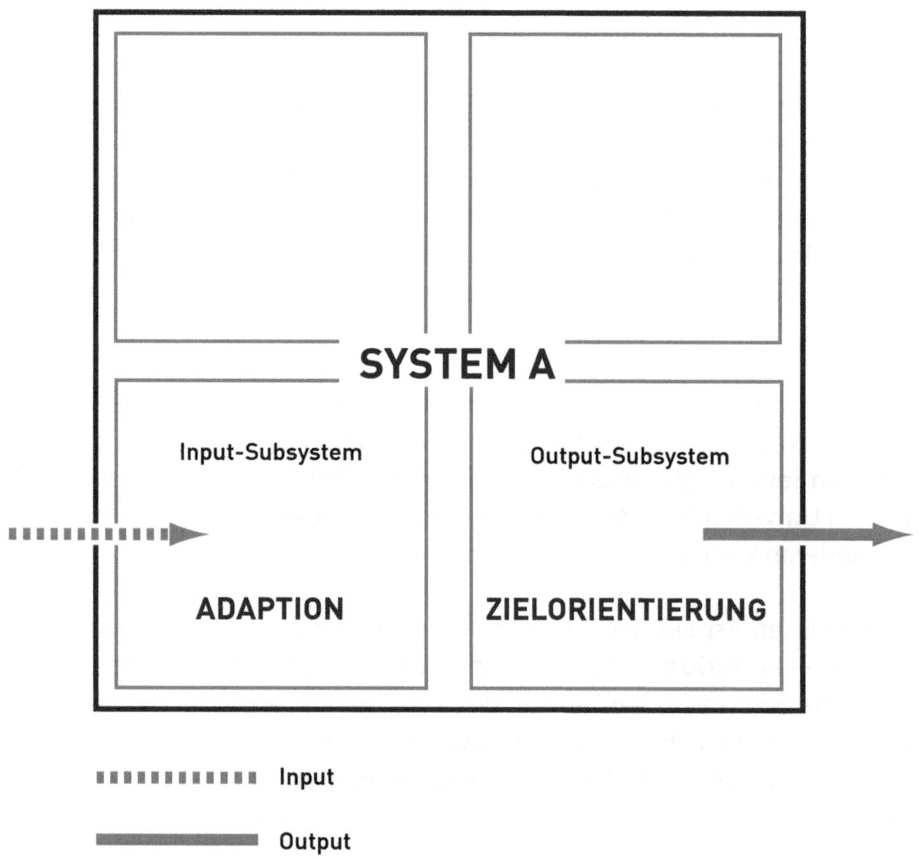

Die Notwendigkeit, Leistungen anderer Systeme zur Erhaltung des eigenen Gleichgewicht zu importieren, bringt für Systeme das Erfordernis der Anpassung an die Umgebung mit sich. In der Struktur der Systeme bilden sich dazu Rezeptoren und Rezeptorsysteme aus, die beim Import von Funktionen spezielle adaptive Mechanismen einsetzen.

Die sich damit konstituierenden Input-Output-Sektoren eines Systems lassen sich daher begrifflich als »Adaption« (Input-Subsystem) und »Zielorientierung« (Output-Subsystem) fassen **(siehe Abb. 8)**.

6. Das Wechselspiel von Steuerung und Aktivierung

Aus diesen Begriffen ergibt sich im Ganzen gesehen ein Bild von miteinander kommunizierenden Systemen, die über Input- und Outputgrenzen miteinander in Verbindung treten und Systemleistungen - Funktionen - austauschen.

Dieses Bild wird abgerundet durch den Begriff der Information.

In der Kybernetik bezeichnet der Begriff der Information ein Medium zur Steuerung und Regelung von Prozessen innerhalb von Systemen und ihren Subsystemen sowie zwischen Systemen und Abläufen in ihrer Umwelt.

Während Funktionen als Systemleistungen mit aktivierender Wirkung definiert sind und im kybernetischen Sinne Energieträger des Systems darstellen sollen, dienen Informationen den Steuerungsmechanismen, die den Export der Systemleistungen sowie den Import von Leistungen anderer Systeme regeln. Mit Hilfe von Informationen wird der Energie-Input und -Output gelenkt und adjustiert.

Am Beispiel des Heizungssystems mit Thermostaten: Der Heizkessel stellt als eigentlicher Träger der Heizfunktion die Wärmeenergie bereit, die durch das Wasser in den Heizungsrohren an den Bestimmungsort transportiert wird. Es ist der Thermostat, der mit seinen Informationen über die Temperatur in den zu beheizenden Räumen die Entscheidungsbasis für die Entscheidung liefert, Steuerungsaktionen zu starten. Solche Informationen sind die Grundlage für die Festlegung der Höhe der Wärmeabgabe - also den System-Output - als auch für die Kalkulation des Heizstoffbedarfs - damit des System-Inputs - des ganzen Systems.

Das heißt in der Sprache der Kybernetik: »Die Aspekte eines Systems mit hohem Informationsgrad steuern jene Aspekte, die einen niedrigen Informationsgrad, aber ein hohes Maß an Energie aufweisen.« Auf der anderen Seite bilden die Aspekte mit hoher Energie aber niedrigem Informationsgrad die energetische Grundlage für das Realisieren der Ziele eines Systems.

7. Systemprobleme

Der mit dem Systembegriff und den anderen zum kybernetischen Modell gehörenden Begriffen arbeitende Analytiker wird bei der Untersuchung eines konkreten Realitätsausschnitts auf einen ganzen Komplex von Systemproblemen aufmerksam.

Zunächst einmal werden die Probleme deutlich, die ein System haben kann, seine Grenzen gegenüber anderen Systemen zu erhalten und gegenüber seiner Umwelt aufrechtzuerhalten.

Die Frage, die sich bei diesem **Problem der Grenzerhaltung** stellt, heißt: Wie wird ein bestimmtes Maß an Ordnung angesichts von Umweltfluktuationen aufrechterhalten? Das System steht notwendigerweise mit seiner Umwelt und mit anderen Systemen in Beziehung. Es muss sich aber gegen extreme Umweltfluktuationen schützen. An den Systemgrenzen, die in gewissem Maß für Umwelteinflüsse durchlässig sein sollen, müssen Filter installiert sein, welche die Impulse aus der Umwelt dämpfen und selektieren.

Weitere Probleme können dem System aus dem Erfordernis entstehen, sich Ressourcen zu beschaffen, die andere Systeme zur Verfügung stellen.

Die Frage, die sich bei diesem **Problem der Beschaffung von Ressourcen** stellt, heißt: Woher bezieht das System die zur Erhaltung seiner eigenen Funktionen notwendige Menge an Energie? Das System muss sich zur Erhaltung seiner Funktionen Outputs anderer Systeme aus seiner Umgebung einverleiben. Bleibt diese importierte Energie aus, droht der Verlust der Fähigkeit, die eigenen Systemziele zu erreichen.

Ein weiteres Problemfeld liegt in der inneren Struktur des Systems und der Notwendigkeit, die vielfältigen und möglicherweise höchst heterogenen **Bestandteile eines System zusammenzuhalten und zu integrieren** sowie eine gewisse Grundstruktur zeitlich unbegrenzt zu erhalten.

Die Frage, die sich beim **Problem der Strukturerhaltung** stellt, lautet: Wie wird die interne Ordnung der Systemkomponenten und damit die Identität des Gesamtsystems trotz wechselnder Einflüsse aus der Umwelt erhalten? Die Grundstruktur eines Systems muss stabil sein, soll das Systemziel trotz sich wandelnder Umweltbedingungen erfüllt werden. Die Steuerungsvorgänge innerhalb des Systems müssen an der Erreichung feststehender Werte orientiert bleiben.

8. Das Problem der scheinbaren Teleologie

Das Modell der Kybernetik und die sich daran anschließende Begrifflichkeit ist ein wirkungsvoller kognitiver Wegweiser, der die Aufmerksamkeit des Analytikers auf für die Erklärung eines Sachverhalts relevante Fragen lenkt. Die Anwendung dieses Instrumentariums verhilft zu einer Übersicht über die zu analysierenden Realitätsausschnitte, die sowohl die Ursachen von Problemen aufdecken als auch Lösungsmechanismen ermitteln hilft.

Es ist also naheliegend, zur Entwicklung des gesuchten Schemas zur Situationsanalyse auf die Begrifflichkeiten rund um das kybernetische Modell zurückzugreifen, zusammenhängende Kommunikationsstrukturen als Systeme zu interpretieren und Kommunikationsprozesse aus dem Wechselspiel von aktivierenden energetischen Faktoren und steuernden Informationen zu deuten.

Bevor dieses Schema in seinen weiteren Einzelheiten diskutiert werden kann, gilt es, auf ein methodologisches Problem aufmerksam zu machen, das solche funktionalen Erklärungen aufgrund von Systemzielen und aufgrund von Austauschbeziehungen von Systemen und Subsystemen mit sich bringen.

Hier werden Erklärungen mit dem Hinweis auf Motive formuliert: Der Temperaturverlauf im Kessel einer Heizung wird erklärt aus dem »Motiv« des Gesamtsystems, eine gewisse Raumtemperatur zu erhalten. Der Kessel heizt, »um« den Temperaturabfall auszugleichen, der durch das Öffnen eines Fensters verursacht wurde. Der Kessel drosselt die Leistung, wenn die Idealtemperatur erreicht oder sogar überschritten wurde.

Solche Erklärungen heißen in der Sprache der Wissenschaftstheorie »teleologische« Erklärungen. Verhalten wird erklärt aus dem Ziel (gr.: telos), das der Handelnde mit seinem Handeln verfolgt.

In Fällen, bei denen tatsächlich zielintendiertes Verhalten vorliegt, wo wirklich eine Person im Handeln bewusst ein Ziel verfolgt, wird von echter oder **materialer Teleologie** gesprochen.

Die Bezeichnung als »echt« und als »material« soll andeuten, dass hier in Abhebung zu bloß **»formaler« Teleologie** wirkliche Ziel- und Zwecksetzungen vorliegen. In solchen Fällen handelt es sich um Handlungen realer Personen, die mit ihrem Verhalten tatsächlich die Erreichung eines Ziels anstreben.

Etwas anderes ist es, wenn keine in diesem Sinne echten Zwecke und Ziele vorliegen, sondern Vorgänge lediglich so rekonstruiert werden, »als habe jemand dieses oder jenes zu erreichen geplant«, ohne dass es einen entsprechenden bewusst handelnden Akteur gibt.

Wird ein Vorgang als zwecksetzendes Verhalten rekonstruiert und interpretiert - damit eine sogenannte »Als-ob-Betrachtung« vorgelegt -, ohne dass dahinter eine reale Person steckt, die diesen oder jenen Zweck verfolgt, wird von scheinbarer materialer Teleologie gesprochen.

Die Begriffe Ziel und Zweck können hier nur im übertragenen Sinne verstanden werden; die Heizung, welche die Heizleistung erhöht und senkt, ist kein sich seines Verhaltens bewusster Akteur, der die Erreichung eines bestimmten Ziels zum Orientierungspunkt seines Verhaltens gemacht hat.

Teleologische Erklärungen dienen dazu, Anknüpfungspunkte für die Formulierung eines Forschungsprogramms ausfindig zu machen, das die Untersuchungen in den Ablauf Theoriebildung, Ableitung von Hypothesen und deren empirischer Prüfung einmünden lässt.

Scheinbare materiale Teleologie ist dann ein akzeptables analytisches Instrument, wenn es gezielt als **heuristisches Werkzeug** genutzt wird.

Gedankenexperimente sind heuristisch, wenn sie zur Entdeckung und Entwicklung neuer Erkenntnisse und Theorien dienen. Sie sollen die Formulierung von Arbeitshypothesen anregen, deren Zutreffen per Konfrontation mit der Realität überprüft werden kann.

Der Nutzen der aus dem kybernetischen Modell abgeleiteten Begrifflichkeiten und Schemata liegt in der Anleitung zur Formulierung von neuen Theorien und prüfbaren Hypothesen zum analysierten Realitätsausschnitt und zu den darin ermittelten Problemen.

In einer neutralen, von teleologischen und funktionalistischen Begriffen freien Sprechweise soll am Ende über einen Sachverhalt gesagt werden können, warum dieses oder jenes der Fall ist und was sich aus dieser Einsicht ableiten lässt, will jemand den betreffenden Sachverhalt in diese oder jene Richtung beeinflussen und verändern.

Es gilt zum Schluss, an einen Punkt zu kommen, wo das Denken in analytischen Begriffen wie Funktion und Teleologie verzichtbar wird, »wo« - um ein berühmtes Bonmot aus Wittgensteins Tractatus logico-philosophicus aufzugreifen - »sozusagen die Leiter, auf der man heraufgestiegen ist, weggeworfen werden kann«.

9. Das kreative Potential des kybernetischen Modells

Als heuristisches Instrument hat der Begriffsrahmen des kybernetischen Modells die Aufgabe, die **Kreativität des Analytikers gezielt anzuregen**.

Besonders durch die Begriffe rund um das Systemkonzept herum gelingt es, beim Anwender **gesteigerte Problemsensitivität** zu erzeugen. Die Realität wird durch die verschiedenen Stufen der Fokussierung - durch die immer weitere Differenzierung von immer spezifischeren Subsystemen und von immer umfassenderen Gesamtsystemen - in allen denkbaren Dimensionen durchleuchtet. Der Analytiker wird **sensibel für die Vielschichtigkeit von Kommunikations-Systemen** und ihren unterschiedlichsten System-Umgebungen.

Durch die Interpretation von Kommunikation als Austausch von Energie- und Informationsleistungen gelangt er zu einer **Neubestimmung und Redefinition der Problemzusammenhänge** der betrachteten Realität. Komplexe Probleme werden durch verschiedene Stufen der Umstrukturierung in fassbare Teilprobleme zerlegt, beispielsweise in P**robleme der Grenzerhaltung, der Strukturerhaltung oder in Probleme der Beschaffung von Ressourcen.**

Das kybernetische Modell macht den Analytiker **flexibel in seinem Problemlösungsverhalten**; die nuancierte Analyse der Realität gibt ihm aus den verschiedensten Perspektiven Problemlösungen an die Hand.

Kapitel 5:

Das Vierfunktionenschema zur

Kommunikations-Analyse

1. Die Analyse von Kommunikation

Im vorhergehenden Kapitel ist das kybernetische Modell in seinen Grundannahmen vorgestellt worden. Der besondere Nutzen dieses Modells und der damit zusammenhängenden Begrifflichkeiten liegt in der gezielten Anregung der Kreativität von Kommunikations-Beratern und -Analytikern.

Das Modell »beflügelt« auf der einen Seite die Vorstellungskraft und Orientierung, trägt aber auf der anderen der Hypothesen-Geleitetheit der Forschungstätigkeit Rechnung. Der intellektuelle Horizont von Beratern und Analytikern wird in verschiedenste Richtungen ausgeweitet, indem sie eine Anleitung befolgen, die Hypothesen und Theorien zum Untersuchungsgegenstand produzieren hilft.

Das im vierten Kapitel entwickelte kybernetische Modell lässt sich nicht nur auf wissenschaftliche Themen oder die Betrachtung von technischen Zusammenhängen anwenden, sondern insbesondere auch auf menschliche Interaktion anwenden.

Eine Spezifizierung des allgemeinen Modells auf den Bereich der gesellschaftlichen Kommunikation und darüber hinaus auf die Belange von Public Relations kann damit beginnen, dass der Begriff des Systems an alle denkbaren Formen sozialer Beziehungsnetze und sozialer Gruppierungen angelegt wird.

Ein Unternehmen als Ganzes betrachtet kann beispielsweise ebenso als ein umfassendes System verstanden werden, wie seine Abteilungen - Verkaufsabteilung, Einkauf oder Buchführung - als Subsysteme interpretierbar sind, denen jeweils bestimmte, zur Erhaltung des Gesamtsystems notwendige Funktionen zukommen.

Das Aufrechterhalten der Kommunikation mit seiner Umgebung ist eine notwendige Leistung eines Systems. Kommunikation ist so gesehen für das Gesamtsystem ein Instrument, das bei der Erreichung von Systemzwecken wesentliche Funktionen übernimmt. In ausdifferenzierten Organisationen lassen sich häufig Subsysteme identifizieren, deren zentrale Funktion darin besteht, Kommunikationsmittel zur Zielerreichnung des Gesamtsystems einzusetzen.

Entsprechendes gilt für die Aspekte der Kommunikation innerhalb von Organisationen. Auch hier bietet es sich an, die Begrifflichkeiten rund um das kybernetische Modell zu nutzen.

Die Aufgabe von »kommunikativen« Subsystemen erstreckt sich nicht allein auf die Beschaffung von Informationen über die Systemumwelt oder etwa die Weitergabe von Informationen an andere Systeme.

Ihre Rolle ist darüber hinaus, in Zielsystemen dasjenige Maß an Zustimmung zu erzeugen, welches das kommunizierende System - das Unternehmen, die Institution o.ä. - zur Erreichung seiner Ziele in einer bestimmten Situation dringend benötigt. Gezielte Presseberichterstattung über ein Unternehmen - etwa über seine attraktiven Freizeitmöglichkeiten für Betriebsangehörige, über sportliche Erfolge seiner Werksmannschaften - erleichtert die Akquisition neuer Mitarbeiter.

Diese gezielte Kommunikation kann somit die Aufgabe in einer Organisation erleichtern, sich mit anderen Systemen auszutauschen und deren Leistungen für die Erhaltung des eigenen Gleichgewichts und der Erreichung der eigenen Ziele zu importieren.

Kommunikations-Defizite lassen sich im Rahmen der Modellanwendung als Systemprobleme darstellen.

Solche Probleme entstehen, wenn sich mit Blick auf die Ziele eines Systems in seiner Umgebung ein ungünstiges Meinungsklima herausgebildet.

Beispiel:

Die Prozesse im Bereich der Gesetzgebung und Regierung eines Landes sollten auch dann nach den verfassungsmäßig festgelegten Regeln ablaufen, wenn es in der Öffentlichkeit nach Aufdeckung von Missständen zu einem Ruf nach »durchgreifenden« Sofortmaßnahmen kommt. Das politische System hat es hier mit dem Problem der Strukturerhaltung zu tun; angesichts starker Umweltfluktuationen muss es seine Grundstruktur erhalten, um das Systemziel - Gesetzgebung und Regierung nach Grundsätzen einer demokratischen Verfassung - zu erreichen. Das System muss nach Innen und Außen Verständnis für die Bedingungen, der in ihm ablaufenden Prozesse kommunizieren, um in einer Krisensituation mögliche Unruhe einzudämmen und Verständnis für die System-immanenten Prozesse und Erfordernisse zu erlangen.

Probleme der Beschaffung von Ressourcen können einem System begegnen, wenn der Zugang insbesondere zu solchen Informationen über seine Umwelt erschwert wird, die dieses System - eine Organisation, eine Institution - dringend benötigt. So kann die Weigerung der Bürger, bestimmte persönliche Daten an eine Behörde weiterzugeben, dessen Arbeit ernsthaft stören.

Beispiel: Zur Planung der Energieversorgung von morgen brauchen Planer heute Informationen über die gegenwärtige Energienutzung, über Haushaltsgrößen und Bevölkerungsstruktur.

Die Funktionserfüllung von Systemen kann offenbar durch die Behinderung der Informationsaufnahme in ihrer Zielerreichung ernsthaft gestört werden.

Organisationen haben in "turbulenten" Zeiten einen gesteigerten Kommunikations-Bedarf:

Durch sich ändernde Umweltbedingungen können für ein System Probleme entstehen; Bedürfnisse und damit Werthaltungen in relevanten Teilöffentlichkeiten können Wandlungen unterworfen sein, die ein bisher bestehendes Gleichgewicht auflösen. Eine Verweigerung der Diskussion mit den Hauptrepräsentanten der gewandelten Werthaltungen und der Weigerung, diese Werte bei der Weiterentwicklung dieses Systems zu berücksichtigen, kann auf lange Sicht die Stabilität seiner Struktur gefährden. Das System droht die Fähigkeit zu verlieren, sich die zur Erreichung seiner Ziele notwendige Zustimmung - etwa das Tolerieren und Gewährenlassen - seitens seiner Dialoggruppen zu verschaffen. Auf der anderen Seite kann zu hastiges Anpassen an die Umweltbedingungen die Identität des Systems auflösen.

Die Kompetenz, wirkungsvolle Kommunikations-Strategien zu entwickeln, ist in solchen Zeiten eine existentiell wichtige Ressource.

2. Das Vierfunktionen-Schema

Im Bereich der Sozialwissenschaften hat das kybernetische Modell seit den 50er Jahren eine wesentliche Verfeinerung erfahren. Durch die Einführung des sogenannten Vierfunktionen-Schemas in den »Working Papers in the Theory of Action« der Sozialwissenschaftler Parsons, Bales und Shils wurde die Begrifflichkeit rund um dieses Modell an der Harvard University auf den Bereich gesellschaftlichen Handelns und gesellschaftlicher Kommunikation spezifiziert und zu einem einfach handhabbaren Instrumentarium ausgebaut.

Wie kommt nun dieses an der amerikanischen Elite-Universität entwickelte Modell in dieses Buch über die Entwicklung von Kommunikations-Strategien? - Schauen wir uns das kurz an:

In den 80er Jahren des letzten Jahrhunderts wurde die amerikanische Soziologie im Allgemeinen von den prominenten bundesdeutschen soziologischen Autoren wie Habermas, Luhmann und Münch in den Mittelpunkt der theoretischen Diskussion gestellt. Auch das Vierfunktionen-Schema wurde dabei immer wieder thematisiert.

Der Autor dieses Buchs nahm das Interesse an dem Schema damals zum Anlass, um eine kontinuierliche Untersuchung derer Einsatzmöglichkeit in der Praxis zu untersuchen. Zunächst als Student und Mitarbeiter am sozialwissenschaftlichen Institut der Düsseldorfer Heinrich-Heine-Universität verfolgte er das Konzept, das Vierfunktionen-Schema als Analyse- und Interventions-Werkzeug in der Beratung von Unternehmen und Organisationen einzusetzen. Dieses Projekt startete mit einer Dissertation in Soziologie und Wissenschaftstheorie zur Definition eines praxisrelevanten System- und Funktions-Konzepts.

Anschließend, nach einigen Jahren Einsatz-Erfahrungen mit dem Modell bei Beratungs-Projekten für verschiedenste Industrie-Unternehmen - unter anderem für internationale Markenartikler und internationale Energieversorger - folgten erste Veröffentlichungen zur Nutzung des Vierfunktionen-Schemas in der Kommunikationsberatung. Ende der 90er Jahre konnte der Autor zwei Studien initiieren, deren Konzept auf der Basis des Schemas entwickelt wurde. Für die Durchführung der explorativen Studien wurden Mitarbeiter der soziologischen Institute an den Universitäten Düsseldorf und Bamberg hinzugezogen:

- ***Forschungsprojekt 1 »Innovationen in mittelständischen Unternehmen«:*** *Hier wurde das Modell bei der Untersuchung von Technologie-Unternehmen eingesetzt, um herauszuarbeiten, welche spezifischen Kommunikationsprozesse in Organisationen das Potential haben, bei der Entwicklung von Innovationen eine wesentliche Rolle zu spielen.*

- ***Forschungsprojekt 2 »Technologie-Unternehmen an der Börse«:*** *Eine Reihe von mittelständischen Unternehmen wagte Ende der 90er Jahre einen Börsengang. Mit Hilfe des Vierfunktionen-Modells wurde anhand einer Reihe von Börsengängen analysiert, welche Kommunikationsprozesse mit Banken, Emissionsberatern, Investitionsanalysten, Aktienkäufern, Finanzredakteuren bei Aktienemissionen abliefen und welche davon den Erfolg der Finanztransaktion beeinflussen konnten.*

Die »Ausbeute« dieser Untersuchungen bestand jeweils aus verschiedensten Veröffentlichungen, Fortbildungs-Maßnahmen für Kommunikations-Verantwortliche und insbesondere aus der Fortentwicklung des Vierfunktionen-Modells. Diese Optimierung von Modell-Details wird kontinuierlich fortgesetzt - Ergebnisse waren unter anderem in den Jahren 2011 und 2013 umfangreiche Kommunikations-Fachbücher, die sich insbesondere mit den methodologischen Fragen der Anwendung des Modells im Detail beschäftigen.

Diesen Veröffentlichungen vorausgegangen sind Diskussionen mit Fachwissenschaftlern wie beispielsweise mit Mario Bunge, dem international renommierten argentinischen Wissenschaftstheoretiker an der McGill University, Montreal.

Ergebnis ist, dass das Modell inzwischen bei mehr als hundert Beratungsprojekten in unterschiedlichsten Feldern zum Einsatz kommen konnte und anderem in:

- *Wirtschafts-Publizistik*
- *Energieversorgungs-Unternehmen*
- *Verpackungs-Industrie*
- *Entsorgungs- und Abfall-Wirtschaft*
- *Chemische Industrie*
- *Automobil-Wirtschaft*
- *Finanz-Wirtschaft*
- *Nahrungsmittel-Industrie*
- *Bekleidungs-Industrie/Mode*
- *Bio-Wissenschaften und Gentechnik*
- *Medizin/Gesundheits-Dienstleitungen*
- *Pharma-Industrie*

Mit Hilfe des Modells wurden Kommunikationskonzepte in einer großen Bandbreite an Projekten entwickelt - unter anderem:

- *Investor Relations für kleine und mittelständische Technologie-Unternehmen*
- *Rückrufaktionen - etwa bei Haushalts-Elektro-Geräten*
- *gesellschaftliche Diskussion zur Einführung von Verpackungsmaterialien im Bereich Lebensmittel*
- *gesellschaftliche Diskussion technologischer Risiken von entsorgungstechnischen Anlagen*
- *gesellschaftliche Diskussion im Rahmen der Forschung für technologische Innovationen*
- *gesellschaftliche Diskussion zur Durchsetzung alternativer Energien wie der Windenergie*
- *gesellschaftliche Diskussion des Ausstiegs aus der Nutzung fossiler Energien*

Doch nun zurück zu den technischen Details des Vierfunktionen Schemas:

Anregungen zur Konstruktion des Schemas ergaben sich in der Forschungspraxis an der Harvard University beim Versuch der Anwendung kybernetischer Grundkonzepte zur Systematisierung wissenschaftlicher Beobachtungen von Kleingruppen. Die Analyse des Problemlösungsverhaltens in solchen Gruppen zeigte, dass sich die Lösung der gestellten Probleme im Rahmen eines Gruppenprozesses ergab, der sich mittels kybernetischer Begriffe in **vier charakteristische Aspekte** zerlegen lässt:

Um der Lösung des gestellten Problems näher zu kommen, muss sich die Gruppe vier entscheidenden Erfordernissen stellen: Sie hat sich an die Umweltbedingungen anzupassen und aus ihr **Mittel zur Zielerreichung zu entnehmen (Adaption).** Sie hat kollektiv verbindliche Entscheidungen etwa über die Richtung der Problemlösung zu fällen, also **kollektiv verbindliche Ziele zu**

definieren und zu verwirklichen (Zielerreichung). Sie hat alle Systemelemente zu verknüpfen und in einer Einheit zusammenzuhalten (Integration) und hat die wesentlichen Strukturmerkmale des Systems aufrechtzuerhalten (Strukturerhaltung).

3. A - Anpassung (Adaption)

ADAPTION

Anpassung (engl.: adaption) wird im sogenannten AGIL-Schema mit dem Buchstaben »A« angezeigt. Die Erfüllung der Anpassungs-Funktion erfordert die Bildung von Ressourcen und Mitteln, die zur Realisierung der Systemziele erforderlich sind.

Die Erfüllung der damit dem System gestellten Aufgabe erfordert eine konsequente Leistungsorientierung. Unabhängig von zugeschriebenen Eigenschaften wie Standes-, Rassen-, Kasten- oder etwa Geschlechtszugehörigkeit, die keine direkten Rückschlüsse auf Leistungsfähigkeit zulassen, sind innerhalb des Systems Personen, Tatbestände oder Objekte vor allem aufgrund von Nutzenerwägungen zu beurteilen. Der Bestand des Systems setzt die Ermittlung erfolgversprechender Mittel voraus. Zur Erfüllung dieser Funktion sind von Nützlichkeits-Überlegungen losgelöste Erwägungen weitestgehend auszublenden.

Ein Arbeitgeber, der sich die Fachkompetenz zunutze machen will, die auf dem Arbeitsmarkt angeboten wird, sollte sich bei der Beurteilung zukünftiger Mitarbeiter an Merkmalen orientieren wie Ausbildung, Arbeitsleistung usw., nicht etwa an Eigenschaften wie Geschlecht, Religion, Herkunft o. ä.

Auf den Bereich der Kommunikation einer Organisation bezogen bedeutet dies, dass die im Meinungsmarkt präsenten Informationen und Meinungsströmungen lediglich insoweit für das Gesamtsystem adaptiert werden, als sie für die Erreichung der Systemziele von Nutzen sind. Darüber hinausgehendes Datenmaterial könnte von der Erfüllung der Anpassungs-Funktion ablenken.

4. G - Zielerreichung und Zielselektion
(Goal-Attainment and Goal-Selection)

ZIELERREICHUNG & ZIELSELEKTION

Zielerreichung und Zielselektion (engl.: goal-attainment and goal-selection) werden als Systemproblem im AGIL-Schema durch den Buchstaben »G« symbolisiert.

Die Erfüllung der Zielerreichungsfunktion erfordert die Fähigkeit des Systems, in bestimmten Entscheidungssituationen eine Hierarchisierung von Einzelzielen vorzunehmen.

Die vollständige Erfüllung der damit definierten Aufgabe des Systems erfordert eine möglichst »spezifische« Zielorientierung.

Die Einstellung eines Systems zu seinen Objekten ist dann spezifisch, wenn diese aufgrund ihrer besonderen Position beurteilt werden, die sie beispielsweise im Rollengefüge einer Gesellschaft innehaben. Diese Orientierung gründet sich auf Erwartungen, die Individuen aufgrund einer bestimmten Rolle, in einer bestimmten Situation, für einen bestimmten Zweck erfüllen können. Die Individualität des Handlungsobjekts in ihrer Gesamtheit wird hier vernachlässigt.

Auf die Zielerreichung bezogen bedeutet Spezifität Bestimmtheit und Klarheit der Definition der Systemziele. Zielerreichung hebt sich von den Erfordernissen der Adaptions-Funktion dadurch ab, dass sie die langfristige Planung der Zielverwirklichung des Gesamtsystems beinhaltet. Für die Erfüllung von Systembedürfnissen über einen großen Zeitraum hinweg muss in der Gegenwart beispielsweise die Attraktivität eines Objekts vernachlässigt werden und dessen Konsum aufgeschoben werden können. Das System muss eine Hierarchisierung einzelner Systembedürfnisse gemäß Planungserfordernissen vornehmen, also das Bedürfnis nach schnellem Konsum der Leistungen anderer Systeme dem Streben nach langfristiger Erfüllung des Systemzwecks opfern.

Im Bereich der Kommunikation einer Organisation bedeutet dies, dass der Kräfteeinsatz des Systems - etwa der Einsatz von Kommunikations-Medien - einer strategischen Planung zu unterwerfen ist. Hierher gehören damit auch Kosten-Nutzen-Erwägungen. Beispielsweise ist die Verplanung eines begrenzten Kommunikations-Etats für einige wenige teure Anzeigenschaltungen in überregionalen Tageszeitungen in der Regel eine weniger erfolgreiche Kommunikations-Taktik als langfristige, intensive Pressearbeit.

5. I - Integration
(Integration)

INTEGRATION

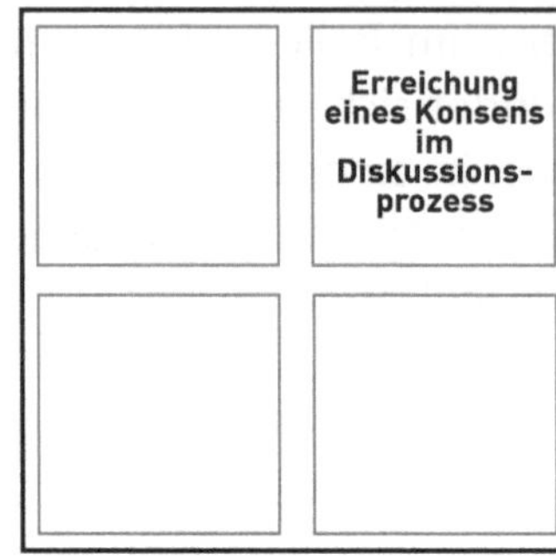

Integration (engl.: integration) wird im Analyse-Schema durch den Buchstaben »I« symbolisiert. Diese Funktion erfordert das stabile Verbinden der Teile, Elemente, Aspekte und Subsysteme eines Systems. Die volle Erfüllung der damit definierten Aufgabe erfordert eine möglichst starke Verknüpfung der Systembestandteile, beispielsweise durch eine positive affektive Verbundenheit der Akteure untereinander.

Affektivität sozialer Orientierung bezieht sich auf die positiven und negativen Gefühle, die Angehörige einer Gruppe füreinander hegen können. Hohe affektive Verbundenheit, d. h., ein hoher Grad an Solidarität, ist erforderlich, um eine Gruppe und die darin ablaufenden Interaktionen trotz des Vorhandenseins möglicherweise starker dispergierender Kräfte und trotz sich wandelnder Umweltfaktoren als integriertes Handlungssystem aufrechtzuerhalten.

Nur das Ausgebildetsein einer harmonischen Kommunikationsgemeinschaft ermöglicht es, in einem geschlossenen Interaktionssystem bei aufeinander prallenden Interessen und Meinungsströmungen einen Konsens und Kompromiss herbeiführenden Diskussionsprozess aufrechtzuerhalten.

6. L - Strukturerhaltung
(Latent pattern maintenance)

Strukturerhaltung (engl.: latent pattern maintenance) wird im AGIL-Schema durch den Buchstaben »L« symbolisiert. Die damit definierte Aufgabe des Systems erfordert die Bewahrung der Grundstruktur sowie die Anpassung von Strukturmerkmalen an veränderte Bedingungen unter Einhaltung der elementaren Gestaltungsregeln der Grundstruktur.

Die größtmögliche Erfüllung dieser Aufgabe stützt sich auf einen Bezugsrahmen universell anwendbarer Regeln, die eine breite Anwendbarkeit angesichts wandelbarer Situationen und Problemfälle besitzen.

So sind möglichst allgemeine Gestaltungsrichtlinien für das Erscheinungsbild eines Unternehmens oder eines Zusammenschlusses von Unternehmen ein erster Schritt auf dem Weg zu einer stabilen und homogen Vermittlung der Unternehmensidentität.

Stabile Kommunikations-Beziehungen erfordern die Institutionalisiertheit sowohl allgemeiner Regeln der Kommunikation, der Informationsrechte der verschiedenen Kommunikations-Teilnehmer als auch ihres Rechts auf Meinungsäußerung.

7. AGIL - das Vierfunktionen-Schema

Damit liegt nun ein **Vierfunktionen-Konzept** vor, das die wesentlichen Funktionserfordernisse eines beliebigen Interaktions-Systems mittels vier Grundkategorien definiert **(siehe Abb. 9)**. Ein Kommunikationssystem, in dem Interaktionspartnern die Möglichkeit gegeben wird, erfolgreich Informationen auszutauschen und Meinungen zu bilden, erfordert:

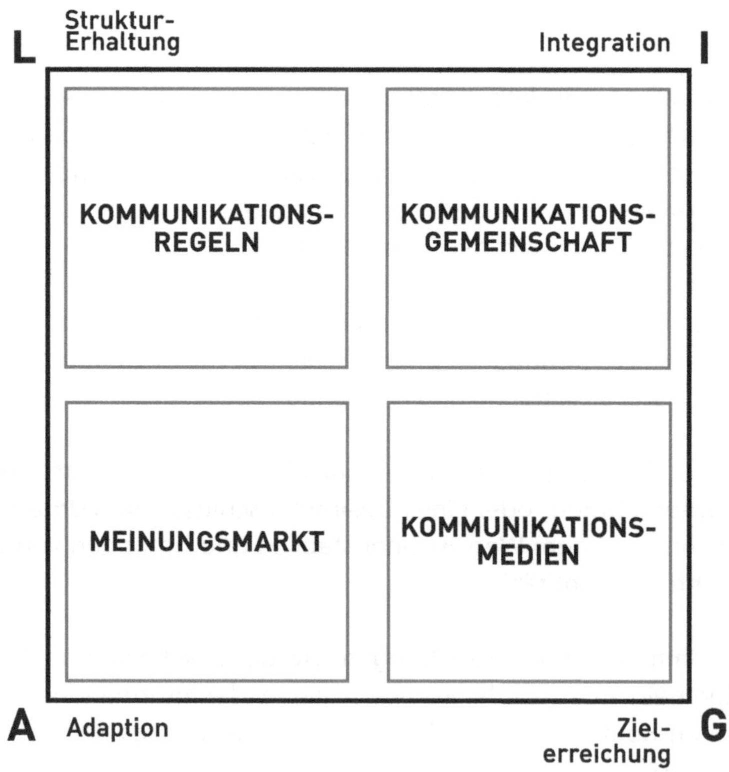

Abb. 9: Das Basis-Kommunikations-Modell

- *einen für die Tendenzen und Strömungen der umgebenden Systeme offenen Meinungsmarkt (A), der dem Informations- und Informierungsbedürfnis der Interaktionspartner zur Verfügung steht,*

- *die Fähigkeit des langfristigen und strategischen Einsatzes (G) von Kommunikationsmedien zur Erreichung eines möglichst klar umrissenen Kommunikationsziels,*

- *die Bildung einer stabilen Solidargemeinschaft, einer Kommunikations-Gemeinschaft (I) von Interaktionspartnern, die den Gedankenaustausch miteinander aufrechterhalten wollen, unabhängig davon, welche kontroversen Meinungen der einzelne vertreten mag,*

- *das Vorliegen eines allgemein akzeptierten Bestands von Regeln der Kommunikation (L), der die Interaktionsprozesse in den verschiedensten Situationen steuern und ordnen kann.*

8. Kommunikation und Public Relations im Wirtschaftssystem

Diese vordefinierten Systemerfordernisse können an jede beliebige Kommunikations-Situation angelegt werden, um konkrete Herausforderungen und Probleme herauszuarbeiten.

Das schematische Erfassen dieser vier Funktionen im Rahmen des AGIL-Modells, das beliebige, schrittweise Untergliederung in vier weitere funktionale Aspekte zulässt, ermöglicht eine immer weitergehende Verfeinerung der Betrachtung und damit der Zergliederung des betrachteten Sachverhalts in Einzelaspekte.

Der Analytiker, der dieses Schema für seine Arbeit einsetzt, wird immer wieder dahin geführt, Teilaspekte der zu untersuchenden Realitätsausschnitte in ihrer Bedeutung für das Ganze zu bewerten, es in eine hierarchische Ordnung von verschiedenen determinierenden Faktoren und Wirk-Mechanismen zu bringen.

Der Einsatz dieses Schemas bringt durch die Notwendigkeit, einem Aspekt ein bestimmtes der vier möglichen Felder zuzuordnen, automatisch die Aufforderung mit sich, Informationen zum Untersuchungsgegenstand möglichst umfassend und äußerst systematisch zu beschaffen. Bloße Faktenaufhäufungen mit einer systematischen Analyse zu verwechseln, schließt sich so von alleine aus. Auch Details kommen zu ihrem Recht. Das Vorliegen selbst auf den ersten Blick als unwichtig erscheinender Systemelemente und Beziehungen regt den Betrachter dazu an, sich Gedanken über deren Beitrag oder Rolle für das Gesamtsystem zu machen.

Die Komplexität gesellschaftlicher Kommunikation wird vom kleinsten Interaktions-Detail bis hin zu den umfassenden Interaktions-Zusammenhängen auf der allgemeinsten Ebene der gesellschaftlichen Gemeinschaft darstellbar.

Um zu sehen, wie das konkret funktioniert, betrachten wir zunächst exemplarisch die Kommunikation von Unternehmen im Umfeld des Wirtschaftssystems.

In einem absatzorientierten Unternehmen findet die wesentliche Unternehmenskommunikation im Rahmen von Marketing statt **(siehe Abb. 10)**.

Marketing ist die marktgerichtete Konzeption der Unternehmensführung (A). Hier kommt es insbesondere darauf an, Produkte möglichst wirkungsvoll zum Verkauf an den Markt zu führen.

Durch das Medium der Marktforschung (A) öffnet sich das Marketing-System eines Unternehmens zum Markt und dessen Bedingungen und Tendenzen. Durch das Kreieren einer Marke (I) kann es dem Unternehmen gelingen, die Bedürfnisse der Zielgruppen von vornherein an feste Qualitätserwartungen zu binden. Über die Unternehmens-Strategie (L) vermittelt wird die Aktivität des Marketing-Systems mit Hilfe von Unternehmens-Richtlinien zur Absatz-, Produkt- und Preispolitik gesteuert.

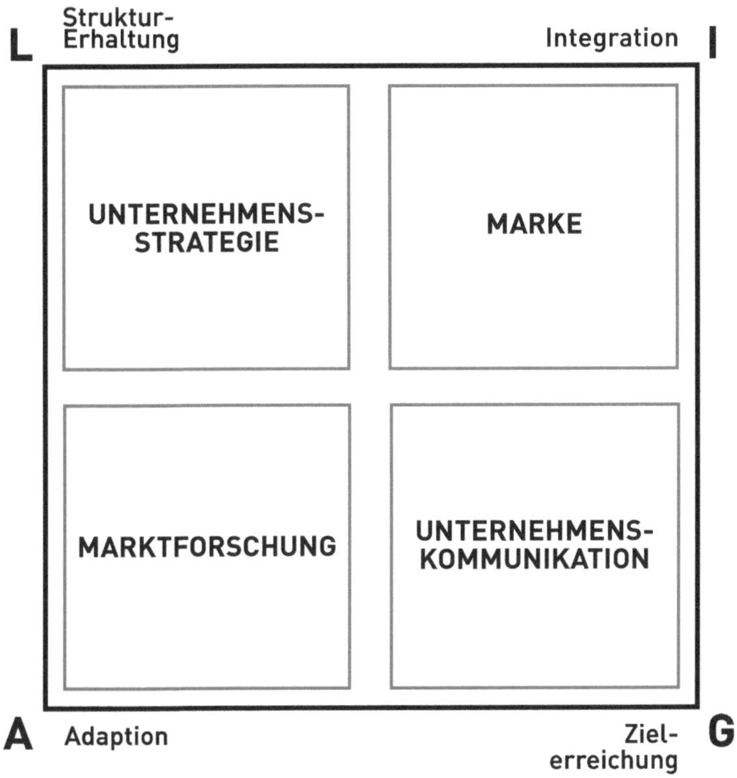

Abb. 10: Das Marketing-System

Die Unternehmens-Kommunikation (G) dient zur Information und Motivation in einer Marktbeziehung stehender Wirtschaftssubjekte und Produkt-Nachfrager. Diese Kommunikation wird durch Produktwerbung aber auch durch eine ganze Reihe von Produkt-bezogenen PR-Maßnahmen realisiert.

Das Marketing-System ist nicht der einzige Interaktionsaspekt, unter dem das Unternehmen und seine Kommunikation betrachtet werden kann **(siehe Abb. 11)**.

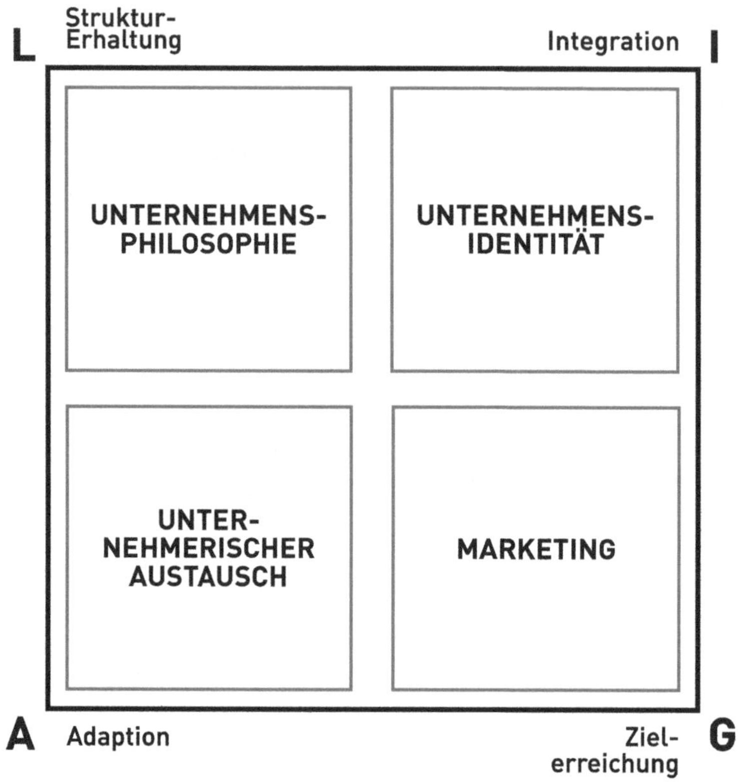

Abb. 11: Das absatzorientierte Unternehmen

Die Kommunikation eines absatzorientierten Unternehmens hat vier wesentliche Aspekte: **Unternehmens-Philosophie (L)**: die allgemeine Grundstruktur unternehmerischen Handelns, **Unternehmens-Identität (I)**: die Einheit aller Unternehmensbestandteile, die Solidarität der Unternehmenszugehörigen, **Marketing (G)**: die absatzorientierte Hierarchisierung unternehmerischer Ziele, **Unternehmerischer Austausch (A)**: die Öffnung des Unternehmens für wechselnde Informationen, Meinungen, Interessen und Ressourcen auf ökonomischen Märkten und auf Meinungsmärkten.

Die Kommunikation, die Kommunikations-Berater auf dieser Ebene zu gestalten haben, hat einen anderen Charakter als die Interaktionen, um die es auf der Marketing-Ebene geht. Hier geht es nicht um Produkt-PR, sondern beispielsweise um Corporate Identity-Programme mit Image-Kampagnen und Überarbeitung des Corporate Designs eines Unternehmens.

Das Wirtschaftssystem übernimmt im Rahmen der Gesamtgesellschaft die Funktion der Ressourcenmobilisierung (A); das politische System dient der Bestimmung, Hierarchisierung und Verwirklichung gesellschaftlicher Zielsetzungen (G); das Gemeinschaftssystem übernimmt die Aufgabe der Bildung einer gesellschaftlichen Solidargemeinschaft mit gemeinsamen Werten und Zielen (I). Die Funktion der Strukturerhaltung für den Rahmen der Gesamtgesellschaft übernimmt das Kultursystem insoweit, als es ein allgemein verbindliches, auf alle Bereiche des gesellschaftlichen Lebens anwendbaren Bestand an wirkungsvollen Symbolen und Werten bereithält (L).

Kapitel 6:

Die gesellschaftliche Funktion von Kommunikations-Strategien

1. Das Tätigkeitsfeld der PR

Wie die vorhergehende Anwendung des Schemas auf den Bereich der Wirtschaft gezeigt hat, lassen sich in der Kommunikations-Praxis relevante Interaktionssysteme in fein abgestuften Analyseschritten untersuchen.

Zum grundsätzlichen Verständnis der komplexen Aufgaben, die Kommunikations-Berater in der Regel zu lösen haben, ist es hilfreich, sich über die Betrachtung des Wirtschaftssystems hinaus über die Relevanz weiterer gesellschaftlicher Subsysteme für Public Relations klar zu werden.

Um noch einen Schritt weiter zu gehen in der Erläuterung der Funktionsweise des AGIL-Schemas, wird deshalb an dieser Stelle ein erster Beitrag zur Diskussion solcher gesellschaflicher Zusammenhänge vorgelegt.

Ausgangspunkt für die Beauftragung von Kommunikations-Fachleuten ist vielfach die Tatsache, dass dem Auftraggeber auf die eine oder andere Weise die Zustimmung der Öffentlichkeit zu seinem Unternehmen oder zu seiner Organisation fehlt, die er zur Erreichung seiner Ziele dringend benötigt.

Im Zusammenhang mit diesem Tatbestand wird davon gesprochen, dass Unternehmen und Organisationen in unserer modernen Industriegesellschaft auf sich zunehmend verknappendem öffentlichen Konsens angewiesen sind.

Diese Umschreibung der Kommunikationssituation unserer heutigen Gesellschaft ist offenbar verkürzt und lässt nur ahnen, welche komplexen gesellschaftlichen Zusammenhänge hinter der Abhängigkeit von Unternehmen, Institutionen, Behörden usw. von öffentlicher Zustimmung stecken.

2. Konsens als Ergebnis von Kommunikation

Konsens basiert auf der übereinstimmenden Einstellung von Mitgliedern einer Gruppe, einer Gemeinschaft oder einer Gesellschaft über Ziele, Werte und Normen, aber auch der Verteilung von Kosten und Nutzen, Gewinnen und Verlusten, Vorteilen und Nachteilen. Diese Einstellungs-Kongruenz kann als Ergebnis der Kommunikation der Mitglieder eines sozialen Kreises - zwischen Gruppen- und Gemeinschaftsmitgliedern oder den Angehörigen einer Gesellschaft - verstanden werden.

In der gesellschaftlichen Gemeinschaft findet ein permanenter Prozess des Austauschens von Argumenten und Meinungen, anders ausgedrückt: ein permanenter sozialer Diskurs statt.

Damit als Ergebnis dieses Diskurses zu irgendeinem Zeitpunkt eine Übereinstimmung bei wesentlichen Positionen der Diskurspartner eintreten kann, also Konsens erzielt wird, sind Voraussetzungen zu erfüllen, die zunächst einmal nichts mit der Überzeugungskraft und logischen Stringenz der ins Feld geführten Argumente zu tun haben.

Vorausgesetzt wird eine gewisse Gleichheit und Gemeinsamkeit der Diskutierenden. Es muß eine gemeinsame Sprache geben, allgemein verbindliche Regeln des Diskutierens und der Kommunikation sowie grundlegend: ein gemeinsames Interesse an der Einigung über den Gegenstand des Diskurses.

Da die Einigung auf bestimmte Meinungen, Normen oder Zielsetzungen vielfach aufgrund ganz spezifischer Bedürfnisse und Interessen eintritt, sollte es einen Grundbestand gemeinsamer Bewertungsregeln und gemeinsam akzeptierter Maßstäbe für akzeptable Kompromisse bei den Partnern des Diskurses geben.

Grundlage von Konsens ist offenbar das Verwirklichtsein einer Kommunikations-Gemeinschaft mit verbindlichen Regeln der Kommunikation, mit gemeinsamen Wertmaßstäben und der geteilten Motivation, im Interaktionsprozess für alle Beteiligten akzeptable Lösungen zu finden.

3. Die gesellschaftliche Verflechtung des Gemeinschaftssystems

Wenn wir davon sprechen, dass Organisationen auf Konsens angewiesen sind, beziehen wir uns auf Kommunikationsvorgänge und Bedingungen von Kommunikation, die auf der Ebene der gesellschaftlichen Gemeinschaft (I) **(siehe Abb. 13)** angesiedelt sind.

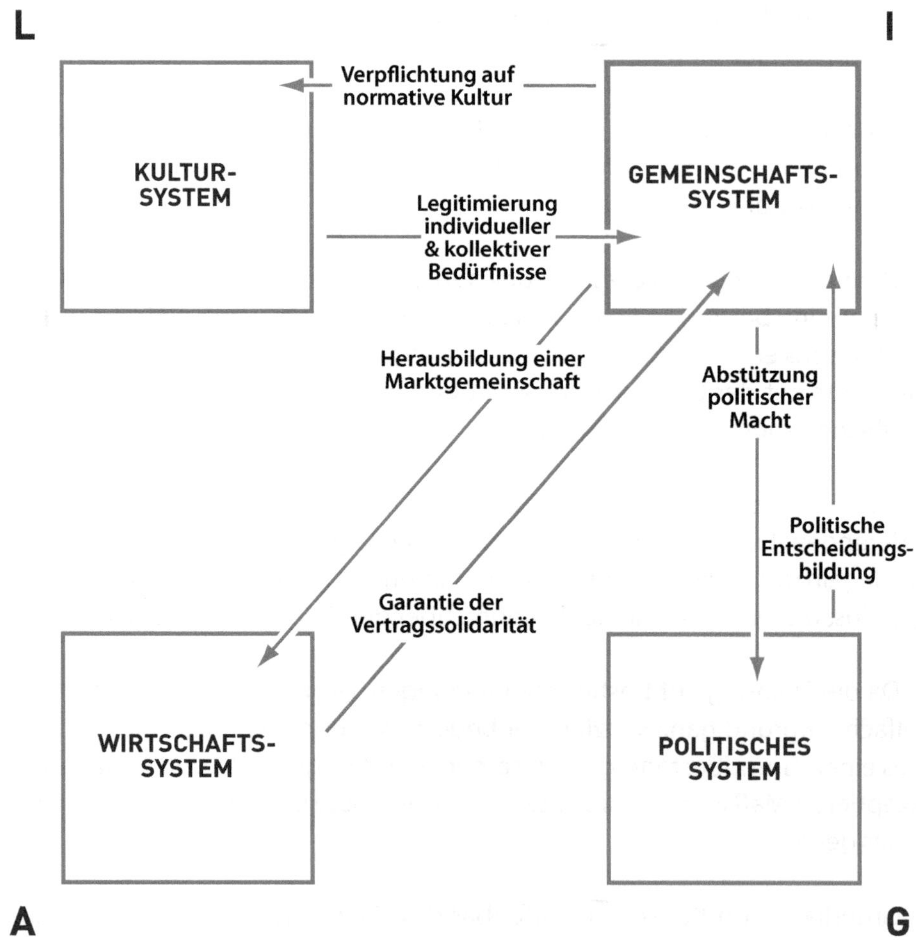

Abb. 13: Gesellschaftliche Verflechtung der Gemeinschaft

Die gesellschaftliche Gemeinschaft ist kein von den übrigen Aspekten der Gesellschaft isolierter Interaktionskreis - denn:

Um ihre jeweiligen Funktionen und Aufgaben erfüllen zu können, sind die Akteure in allen gesellschaftlichen Bereichen und bei allen Entscheidungsprozessen auf diese Solidargemeinschaft angewiesen.

Umgekehrt ist die gesellschaftliche Gemeinschaft (I) zur Erfüllung der Integrations-Funktion ihrerseits auf die Beiträge des Kultur- und des Wirtschaftssystems sowie der Politik angewiesen.

Ein geregelter Tauschverkehr im Bereich der Wirtschaft (A) funktioniert auf der Basis einer ökonomischen Marktgemeinschaft von Produzenten, Anbietern von Dienstleistungen und den Konsumenten auf der anderen Seite.

Aufgrund einer stabilen Gemeinschaft von Anbietern und Nachfragern ist in einer modernen Massengesellschaft eine reibungslose Versorgung der Bürger mit Gütern und Dienstleistungen möglich. Ohne die Berechenbarkeit der Bedürfnisse und Wünsche der Verbraucher und ohne das gegenseitige Vertrauen in die Verlässlichkeit der Tauschpartner ist ein geordnetes Wirtschaftsleben ernsthaft behindert.

Darüber hinaus ist für ein störungsfrei ablaufendes ökonomisches Handeln die Verankerung der Vertragssolidarität wesentlich. Die Einlösung von Verträgen darf nicht etwa ausschließlich durch gerichtliche Klagen zu gewährleisten sein. Aufgrund einer umfassenden Vergemeinschaftung sollte die Bindung an Verträge so weit verankert sein, dass sich die Vertragspartner ohne ständige Androhung von juristischen Zwangsmaßnahmen an vertragliche Vereinbarungen halten.

Im Bereich der Politik (G) geht es um die Bildung von Entscheidungen und die Vertretung gesellschaftlicher Interessen.

Welches Einzelinteresse legitim ist und zur Grundlage politischer Entscheidungen gemacht werden kann, basiert in Demokratien auf der Interessenlage der umfassenden gesellschaftlichen Gemeinschaft. Nur solche Interessen können politisch relevant werden, die durch die gesellschaftliche Solidargemeinschaft der Bürger als berechtigt anerkannt sind. Darüber hinaus bedarf die Ausübung politischer Macht der gemeinschaftlichen Unterstützung der Bürger. Politische Amtsträger sind auf die politische Unterstützung der Mehrheit der Bürger zur Durchsetzung von politischen Entscheidungen angewiesen. Diese Unterstützung wird ihnen nur dann gewährt, wenn sie ihre Verpflichtung auf die Werte und Normen der gesellschaftlichen Gemeinschaft und ihre Orientiertheit am Allgemeinwohl nachweisen können.

Im Bereich der Kultur (L) geht es unter anderem um die Konstruktion eines gemeinsamen Symbol- und Wertespools. Die umfassende Geltung von Kultur stützt sich auf die Verankerung von Werten, Normen und Symbolen in den Köpfen der Mitglieder der gesellschaftlichen Gemeinschaft.

4. Kommunikationsprobleme der modernen Industriegesellschaft

So harmonisch diese Beziehung der gesellschaftlichen Gemeinschaft zu den übrigen Bereichen der Gesellschaft in der schematischen Übersicht zunächst aussehen mag, so wenig abgestimmt erscheinen die gesellschaftlichen Entwicklungen, an welche Öffentlichkeitsarbeit heute anzuknüpfen hat.

In der »Blüte« der modernen Industriegesellschaft, in den 50er und 60er Jahren, definierte sich der einzelne Bürger ganz wesentlich durch die Rolle, die er im Wirtschafts- und Arbeitsleben spielen konnte.

Es hatte sich eine »Arbeitsgesellschaft« ausgebildet, soziale Institutionen bauten sich vor allem um den materiellen Erwerb herum auf. Der kulturelle Diskurs (L) war an Werten wie »Allgemeiner Wohlstand« und »Technischer Fortschritt« orientiert.

Die Vergabe von sozialer Schätzung an Gemeinschaftsmitglieder durch die gesellschaftliche Gemeinschaft (I) wurde bestimmt durch deren Position und

Durchsetzungsvermögen im Wirtschaftsleben. Auch im Privatleben wurden Gemeinschaftsmitglieder vorwiegend aufgrund der im Berufsleben bewiesenen Kompetenz und ihrer Leistungsfähigkeit beurteilt.

Grundmaxime politischen Handelns (G) wurde die Garantie sozialer Sicherheit und der Erreichung eines allgemeinen Wohlstands.

Nachdem die Phase des »Wirtschaftswunders« längst zu Ende gegangen ist, löst sich diese Konstellation nach und nach krisenhaft auf. Tiefgreifende Umstrukturierungen in der Industrie und damit zusammenhängend Massenarbeitslosigkeit haben bewirkt, dass große Teile der Bevölkerung perspektivenlos vom Erwerbsleben ausgeschlossen sind:

Die Entwicklung von hocheffizienter Großtechnologie hatte zunächst dazu geführt, menschliche Arbeitskraft zu entwerten - ständig zunehmende Automatisierung und Auslagerung der Herstellung sowie Elektrifizierung der Produkte hat Massenarbeitskraft in unseren Breiten überflüssig gemacht.

Periodisch auftretende Wirtschafts- und Finanzkrisen aber auch Umweltprobleme haben dazu beigetragen, den Bürger auf Distanz zu Wirtschaft und Industrie zu bringen.

Die Politik hat ihren Anspruch, soziale Sicherheit und allgemeinen Wohlstand möglichst für alle zu erreichen, ganz offensichtlich verworfen. Heute zeichnet sich ab, dass die Sozialversicherung keine ausreichende Altersversorgung für die Mehrheit der Bürger garantieren kann. Vielfältige politische Skandale wie

- *Bestechungsfälle und Vorteilsnahmen von politischen Amtsträgern*
- *Erschleichung von akademischen Titeln - verübt von Bundesministern*
- *Versagen in aktuellen Krisenfällen (z. B. Flüchtlingskrisen; Proteste gegen öffentliche Bau- und Investitionsmaßnahmen)*

- *Derugulierung des Sozialsystems zum Zweck der Begünstigung von Versicherungskonzernen (»Rentenpolitik«)*
- *uvm.*

haben die Vertrauenswürdigkeit des politischen Personals grundlegend erschüttert und dazu geführt, dass in konkreten Entscheidungssituationen die politische Unterstützung durch die Mehrheit der Bürger zu einem knappen Gut geworden ist.

Die durch die Notwendigkeiten und Umstände der Erwerbstätigkeit definierten Wertselektionen der »Arbeitsgesellschaft«, die in der Industriegesellschaft wesentliche Integrationsmuster der gesellschaftlichen Gemeinschaft waren, verlieren mehr und mehr an Bedeutung und an ordnender Kraft (I). Es entstehen zunehmend Konflikte mit neu auftretenden Werten wie »Lebensqualität«, »Gesundheit«, »Leben in absoluter Risikolosigkeit«, »Genießen eines sorgenfreien Lebensabend«.

Aufgrund dieser gesellschaftlichen Teilkrisen ergibt sich folgendes Bild **(siehe Abb. 14)**:

Das Wirtschaftssystem (A) läuft zunehmend Gefahr, die für ein reibungsloses Funktionieren notwendige Zustimmung der Bürger zu verlieren. Der Einzelne geht innerlich mehr und mehr auf Distanz zur Marktgemeinschaft. Er bringt seine Arbeitskraft nicht mehr so bedingungslos in den Arbeitsprozess ein wie vielleicht früher. Darüber hinaus neigt die Konsumgemeinschaft dazu, gezielt den Konsum solcher Produkte abzubrechen oder einzuschränken, deren Hersteller öffentlich in Misskredit geraten sind, deren Produkte sich beispielsweise nicht mehr mit den neuen Wertmaßstäben hinter Schlagworten wie »Gesundheit«, »Naturreinheit«, »humaner und werthaltiger Umgang mit Nutztieren« mit oder »faire Geschäfte mit Erzeugern aus der Dritten Welt« vereinbaren lassen.

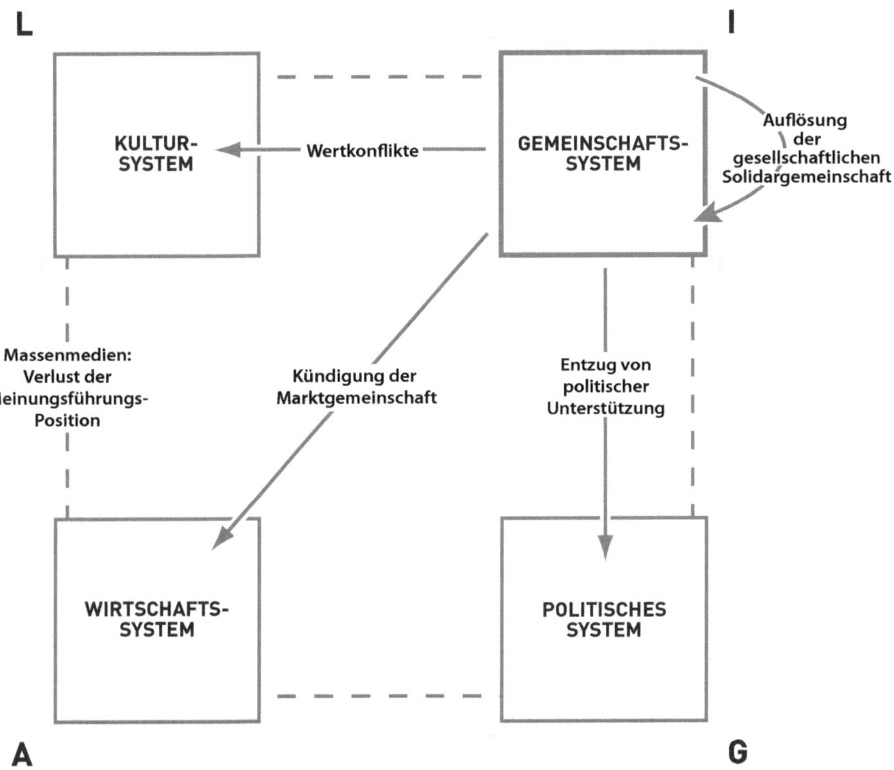

Abb. 14: Kommunikationsprobleme der modernen Industriegesellschaft

Dem politischen System (G) droht zunehmend der Entzug von politischer Unterstützung durch die gesellschaftliche Gemeinschaft. Das offensichtliche Scheitern der Sozialpolitik, spektakuläre Bestechungsskandale, die von einer Mehrheit der Bevölkerung abgelehnte Aufnahme von Asylanten, die gescheiterte Sozio-ökonomische Integration großer Anteile der heute im ehemaligen Territorium der Ex-DDR lebenden Menschen usw. haben zu einer grundlegenden Vertrauenskrise der Parteien-Demokratie geführt, deren Folgen noch nicht absehbar sind.

Entzug von politischer Unterstützung könnte sich äußern in zunehmender öffentlicher Kritik an politischen Entscheidungen, Boykottierung von Entscheidungen, im Entzug der Unterstützung bisher etablierter Parteien zugunsten radikal »unaufgeklärter« politischer Organisationen und schließlich in der Boykottierung politischer Wahlen.

Das Kultursystem (L) büßt zunehmend die Fähigkeit ein, allgemeingültige Werte zur Verfügung zu stellen, die in allen Bereichen des Gesellschaftslebens spezifiziert und zur Geltung gebracht werden können. Die für den Bereich des Wirtschaftshandelns gültigen Werte und Normen geraten in immer schärferen Konflikt mit den Wertvorstellungen der Mehrheit der Bürger.

Der kulturelle Diskurs stellt keine für alle akzeptierbaren Wertvorstellungen mehr bereit, die das gesellschaftliche Leben als Ganzes integrieren können. Stattdessen bilden sich immer mehr konkurrierende Gruppen-Ethiken, an denen sich zunehmend voneinander distanzierende gesellschaftliche Teilgruppen identifizieren wollen. Dem umfassenden rationalen Diskurs des kulturellen Systems wird mehr und mehr der Boden entzogen. Wertprobleme werden immer weniger aufgrund von rationalen Argumenten diskutiert. Ständig größeren Einfluß gewinnt demgegenüber irrationale Scheinargumentation. Der Einfluss des Konzepts »rationaler Wissenschaft« auf das Denken der Bevölkerung wird geringer.

5. Die öffentliche Diskussion der Interessen von Einzelgruppen

Offenbar ist die Integrationsfunktion des Gesamtsystems Gesellschaft heute gefährdet und in manchen Beziehungen schon ernsthaft gestört.

Öffentliche Zustimmung zu Plänen und Zielen von Organisationen in Wirtschaft und Gesellschaft stellt sich nicht von alleine ein. Die immer diversifizierter werdenden Interessen von Einzelgruppen müssen öffentlich diskutiert werden und sich in dieser Diskussion öffentlich durchsetzen, um in unserer Gesellschaft den zu ihrer Durchsetzung notwendigen Rückhalt zu bekommen.

Im Rahmen des Analyse-Schemas stellt sich die vorliegende Situation im Detail folgendermaßen dar **(siehe Abb.: 15)**:

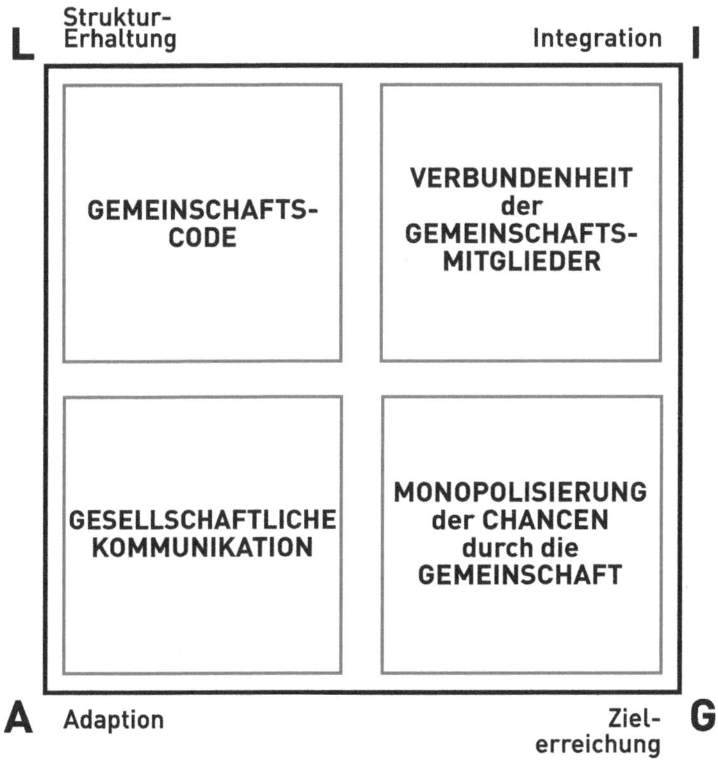

Abb. 15: Das Gemeinschaftssystem

In einer parlamentarisch-freiheitlichen Ordnung sollten Parteien, Verbände, soziale Gruppen ihre Interessen im Rahmen der gesellschaftlichen Kommunikation (A) gegenüber der gesellschaftlichen Gemeinschaft zur Sprache bringen. Diese Gruppen sind aufgefordert, den Beweis der Legitimität ihrer Interessen zu erbringen.

Die gesellschaftliche Kommunikation ist damit die öffentliche Sphäre, in der jeder Interessent - jede gesellschaftliche Einzelgruppe, die öffentlichen Rückhalt für ihr Handeln benötigt - die Möglichkeit erhält, für ihre Interessen zu werben.

Setzt sich der Interessent mit seinem Anliegen in der Kommunikation durch, erhält er Anspruch auf öffentliche Zustimmung zu seinen Zielen und Anspruch auf öffentliche Unterstützung seiner Interessen. Er erhält damit Gelegenheit, an den durch die gesellschaftliche Gemeinschaft monopolisierten Chancen (G) teilzuhaben:

Die gesellschaftliche Gemeinschaft unterstützt die Pläne des Interessenten durch Abstützung politischer Entscheidungen (a: politische Legitimation), auf die der Interessent zur Erreichung seiner Ziele angewiesen ist.

Die Handlungen des Interessenten werden kulturell legitimiert (I: kulturelle Legitimation), indem dessen Ziele in der öffentlichen Diskussion als mit der Wertordnung der Gemeinschaft in Einklang ausgewiesen werden.

Die Anstrengungen des Interessenten zur Erreichung seiner Ziele werden durch die Verfügungsberechtigung über Ressourcen der gesellschaftlichen Gemeinschaft (a: ökonomische Legitimität) unterstützt. So erhält der Interessent die Möglichkeit, die Ressourcen »Arbeitskraft« und »Expertise« für seine Zwecke »einzukaufen«.

Bei der Verfolgung seiner Interessen kann der Interessent grundsätzlich mit der Solidarität der gesellschaftlichen Gemeinschaft rechnen, die er im konkreten Fall als sozialen Konsens einfordern kann (i: gemeinschaftliche Legitimität).

Um diese Unterstützung seitens der Gemeinschaft langfristig zu erhalten, hat sich der Interessent nicht nur ständig der gesellschaftlichen Kommunikation zu stellen. Er hat sich darüber hinaus den in der Gemeinschaft verankerten Normen und Werten zu unterwerfen, sein Handeln ständig am Gemeinschaftscode (L) orientieren. Die Verfolgung seiner Eigeninteressen ist dem Interessenten nur insoweit gestattet, als dabei der Rahmen der gemeinschaftlichen normativen Ordnung nicht verlassen wird.

Weiterhin wird vom Interessenten solidarisches Verhalten gegenüber den anderen Gemeinschaftsmitgliedern erwartet. Die Verfolgung von Eigennutz und Eigeninteressen ist durch die Solidaritätspflicht gegenüber der Gemeinschaft und durch die solidarische Verbundenheit der Gemeinschaftsmitglieder (I) begrenzt.

6. Die Voraussetzungen der Teilnahme an der gesellschaftlichen Kommunikation

Es ist die Aufgabe von Kommunikations-Beratern, Interessenten aus Wirtschaft und Gesellschaft auf ihre Teilnahme an der gesellschaftlichen Kommunikation vorzubereiten, sie in Diskussionssituationen zu vertreten, Diskussionsbeiträge auszuarbeiten und ihnen die jeweils aktuelle Kommunikationssituation mit allen darin liegenden Schwierigkeiten und Chancen transparent zu machen.

Zunächst hat der Kommunikations-Berater dem Auftraggeber deutlich zu machen, welche grundlegenden Bedingungen schon im Vorfeld erfüllt sein müssen, damit Kommunikations- und PR-Maßnahmen erfolgversprechend eingesetzt werden können. Damit der Interessent sich in der gesellschaftlichen Diskussion durchsetzen kann, muss gewährleistet sein, dass sein Diskussionsbeitrag zwei grundlegende Kriterien erfüllt:

Zunächst kommt es darauf an, dass die Argumente, die der Interessent einbringt bzw. der Kommunikations-Berater für ihn ins Feld führt, deutlich die »Substanz« der dahinterliegenden Interessen zum Ausdruck bringen. Der konkrete Nutzen, den sich der Interessent von seinen Handlungen verspricht, sollte offen ausgesprochen werden. Die Pläne des Interessenten müssen angesichts dieses Nutzens als vernünftig erscheinen, d.h., sie müssen als erfolgversprechende und zielführende Umsetzungsstrategien für die Zielsetzungen des Interessenten ausgewiesen sein. Die in der öffentlichen Diskussion vorgebrachten Argumente sind so offen zu formulieren, dass die hinter den jeweiligen Zielen des Interessenten liegende Bedürfnis- und Motivlage klar zum Ausdruck kommt.

Neben dieser Offenlegung der »Substanz« der Argumente des Interessenten gibt es einen Grundbestand von allgemeinen »formalen« Bedingungen, die in jedem Fall in der Argumentation zu berücksichtigen sind.

Wie diese Bedingungen im einzelnen aussehen, zeigt die Analyse des Gemeinschaftscodes **(siehe Abb. 16)**:

Um als Interaktions-Partner auf dem Feld der gesellschaftlichen Kommunikation anerkannt zu werden, muß der Interessent deutlich seine grundsätzliche Zustimmung - sein Commitment - zur Gemeinschaftsordnung signalisieren.

Er hat gegenüber den anderen Gemeinschaftsmitgliedern zu zeigen, dass er grundsätzlich bereit ist, losgelöst von jeder eigenen Nutzenerwägung seine Erwartungen und Handlungen an der normativen Ordnung der Gemeinschaft (I) zu orientieren und bereit zu sein, davon abweichendes Handeln anderer Gemeinschaftsmitglieder zu sanktionieren (G).

Ein als legitimer Interaktions-Partner anerkannter Interessent hat grundsätzlich seine Ziele und Normen im Rahmen des gemeinsamen Werte- und Symbolpools (L) zu entwerfen. Im Prozeß der Erwartungs-Handlungs-Abstimmung (A) schließlich knüpft der Interessent an das Commitment der übrigen Gemeinschaftsmitglieder an. Aufgrund der von ihm signalisierten Sanktionsbereitschaft im Rahmen der normativen Ordnung und des gemeinsamen Symbolpools motiviert der Interessent andere Gemeinschaftsmitglieder zu von ihm gewünschten Handlungen. Der Interessent kann damit die allseitige Anerkennung als Interaktions-Partner mit allen Rechten der Meinungsäuße-

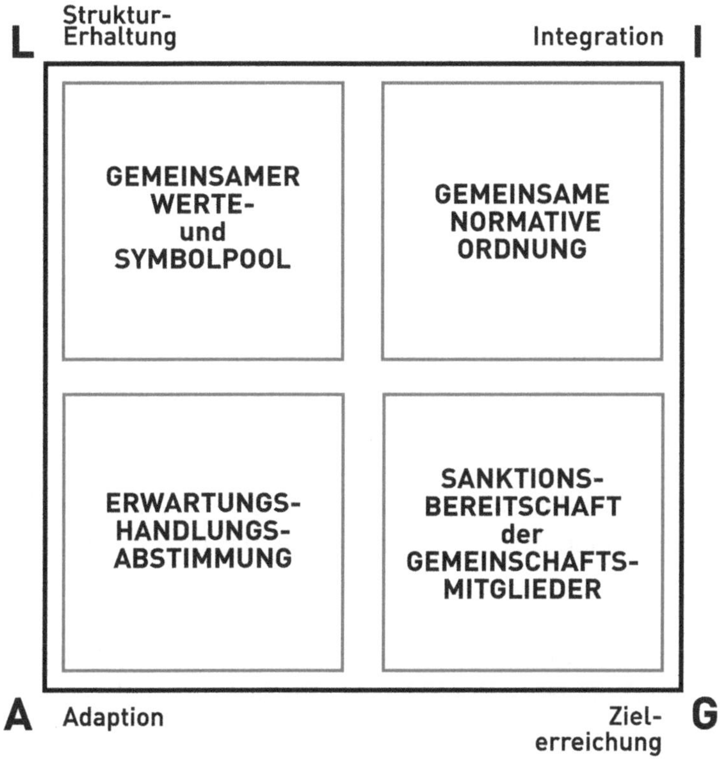

Abb. 16: Der Gemeinschaftscode

rung und Interessendurchsetzung im Rahmen der gesellschaftlichen Kommunikation erwarten **(siehe Abb. 17)**.

7. Der Doppel-Aspekt von Public Relations

Indem Kommunikations-Beratung und Strategie-Entwicklung dem Interessenten dazu verhilft, sich an der gesellschaftlichen Kommunikation zu beteiligen und öffentlich für seine Ziele einzusetzen, werden mit Blick auf den Gesamtrahmen Gesellschaft zwei grundsätzlich verschiedene Dinge erreicht.

Auf der einen Seite kann sich der Interessent durch einen geglückten Auftritt in der gesellschaftlichen Kommunikation dasjenige Maß an öffentlicher Zustimmung zu seinen Absichten verschaffen, das er zur Erreichung seiner Ziele benötigt.

Kommunikation und Public Relations sind auf den ersten Blick ein Weg der öffentlichen Durchsetzung von Einzelinteressen und nebenher auch eine Funktion des gesellschaftlichen Systems. Durch das Öffentlichmachen von Interessen wird die Bildung von Entscheidungen im Rahmen der Gesellschaft der Kritik und Kontrolle der Bürger unterzogen. Die Verhältnisse der Öffentlichkeit wirken auf die partikularen Interessen von Einzelgruppen und auf die private Interessenverfolgung zurück.

Wer sich am öffentlichen Diskussionsprozess beteiligen will, ist gezwungen, seine Handlungsabsichten am Gemeinschaftscode und der Interessenlage der gesellschaftlichen Gemeinschaft zu orientieren. So findet schon bei der Formulierung von Privatinteressen eine Orientierung an der allgemeinen normativen Ordnung und Gemeinschaftsordnung statt.

Die Notwendigkeit des Interessenten, sich an dieser öffentlichen Auseinandersetzung zu beteiligen, bringt also auf der anderen Seite für das Gesamtsystem Gesellschaft einen Prozess der Integration der Gesamtinteressen und

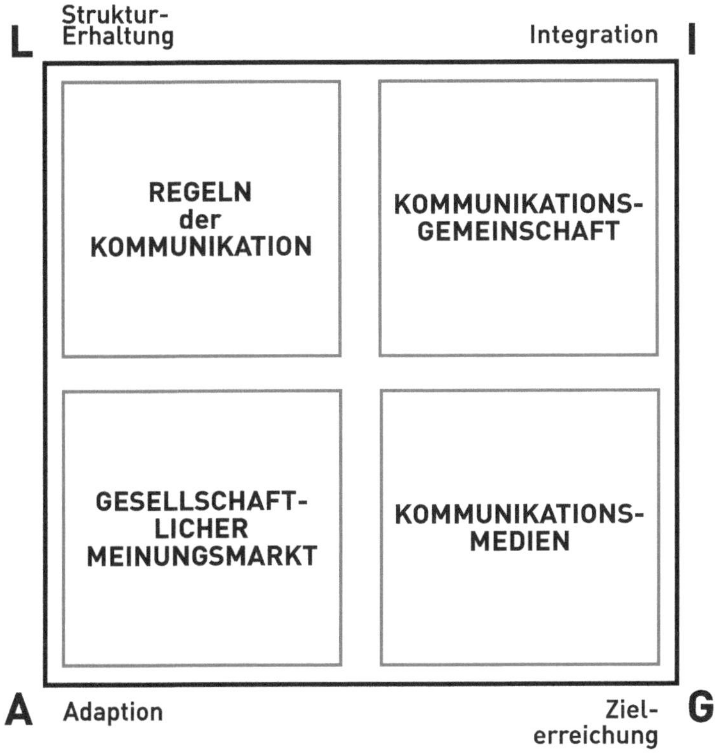

Abb. 17: Die gesellschaftliche Kommunikation

der stetigen Anpassung der gesellschaftlichen Gemeinschaft an veränderte soziale Bedingungen mit sich.

Kommunikations-Strategieentwicklung dient nicht der Unterstützung der Anliegen des Auftraggebers allein. Durch die öffentliche Bemühung um Zustimmung und die Beteiligung an der gesellschaftlichen Kommunikation-verhelfen sie dazu, die allgemeine Durchsetzung von Einzelinteressen am Allgemeinwohl zu orientieren.

Kapitel 7:

Praxisprojekt 1:

Unternehmenskommunikation und Investor Relations

Praxisanwendung

Stürzen wir uns ab jetzt in die Praxis - in die Anwendung unseres Strategie-Werkzeugs!

Dazu nehmen wir uns in diesem Kapitel das Praxisfeld der Investor Relations vor - ein wichtiger Anwendungsbereich professioneller PR und Kommunikations-Strategie. Dieser Anwendungsbereich ist ausreichend komplex, um die vielen Details der Systematik unseres Schemas bei der Planung eines Kommunikations-Maßnahmenpakets durchzuspielen.

Wir konzipieren die Kommunikations-Strategie eines börsennotierten Unternehmens, für das wir nun ein integriertes Kommunikations-Programm mit Schwerpunkten bei der Interaktion mit Finanzprofis - also bei den Investor Relations - entwickeln.

Vorteil der Betrachtung gerade dieses Praxisbereichs ist:

Hier wird annähernd die vollständige Bandbreite an Maßnahmen eingesetzt, die professionelle Kommunikations-Verantwortliche im Rahmen der Unternehmenskommunikation der Public Relations kennen und beherrschen müssen. Als Besonderheiten diskutieren wir darüber hinaus eine Auswahl von speziellen Maßnahmen der Finanz-Kommunikation - Instrumentarien, die einem Kommunikations-Berater nützen können, auch wenn er kein Investor Relations-Spezialist ist..

Vorüberlegung

Welche Maßnahmen stehen den Verantwortlichen für die Investor Relations zur Verfügung, um gewünschte Wirkungen zu erreichen und Aufgabenfelder der Kommunikation von Aktiengesellschaften abzudecken?

Das »Arsenal« wirksamer Kommunikations-Maßnahmen ist umfassend und differenziert. Wichtig ist, dass die zahlreichen und komplexen damit ver

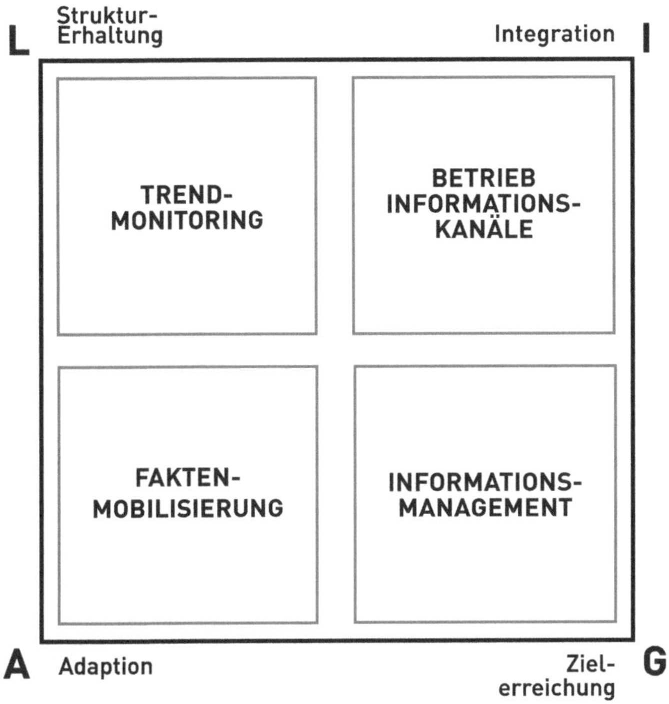

Maßnahmen-Bereich Informations-Austausch (A)

bundenen Aufgaben ganzheitlich ins Auge gefasst und in Angriff genommen werden. Bevor wir hier die Maßnahmen-Alternativen im Detail vorstellen, wollen wir deshalb zunächst mit Hilfe des in den vorhergehenden Kapiteln vorgestellten Strategie-Werkzeug für eine Systematik sorgen, die dies garantieren kann.

Wie in den letzten Kapiteln gesehen, wollen wir bei der Organisation von Kommunikation vier Handlungsebenen unterscheiden: **die Ebene A - den Informations-Austausch, die Ebene G - das Kommunikations-Management -, die Ebene I - das Dialog-System und die Netzwerk-Bildung - und die Ebene L - den Diskurs.**

Anhand dieses Konzepts der Kommunikations-Ebenen können wir die zur Verfügung stehenden Kommunikations-Maßnahmen sammeln, ihrem Einsatzbereich übersichtlich zuordnen und anhand der oben erarbeiteten Anforderungen auf den verschiedenen Ebenen systematisch gewichten.

Auf der **A-Ebene, dem Informations-Austausch**, können wir dabei grundsätzlich vier Maßnahmen-Bereiche unterscheiden. Es gibt Maßnahmen, die der Mobilisierung von Fakten und Informationen dienen. Andere Maßnahmen dienen dem Informations-Management, der gezielten Übertragung von Informationen an die Zielgruppen.

Eine dritte Gruppe von Maßnahmen dient dem Betrieb und Aufbau von Informations-Medien und -Kanälen. Eine vierte Gruppe von Maßnahmen dient dem Trend-Monitoring. Damit ist die Auswertung der vom Unternehmen recherchierten Informationen gemeint, die beispielsweise die Reaktionen der Zielgruppen auf die Unternehmens-Kommunikation betreffen.

Auch auf der **G-Ebene, dem Kommunikations-Management,** lassen sich vier spezifische Maßnahmen-Bereiche unterscheiden:

Zunächst gibt es auf dieser Ebene die Aufgabenstellung, wirkungsvolle Kommunikations-Ressourcen für das Unternehmen zu sichern und ständig einen Überblick darüber zu erhalten, welche möglicherweise neuen Kommunikations-Instrumente des »Kommunikations-Markts« bei der eigenen Maßnahmen-Planung zu berücksichtigen sind. Weiteres Stichwort ist das der »Kommunikations-Projekte«. Hier geht es um die mittel- und langfristige Umsetzung aller strategisch wichtigen Kommunikations-Maßnahmen im Rahmen der Investor Relations.

Durch die Organisation der Kommunikation wird im Detail festgelegt, wer für die Umsetzung der Kommunikations-Aufgaben zuständig ist, wie Entscheidungs-Kompetenzen verteilt sind und welche Abstimmungs-Abläufe jeweils einzuhalten sind.

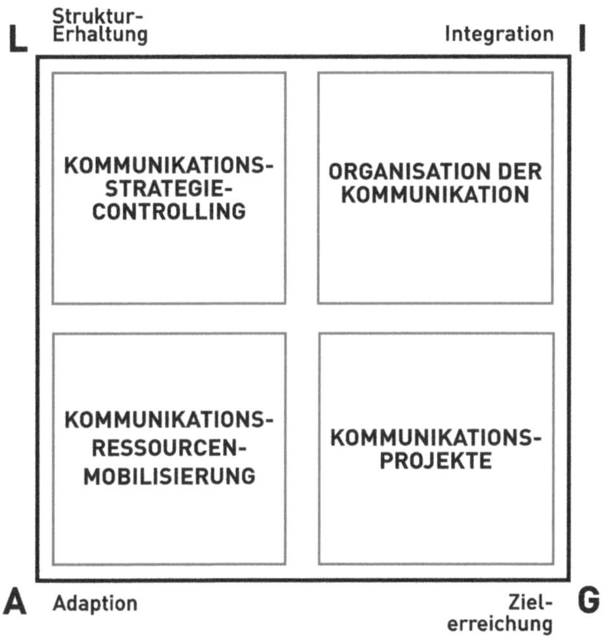

Maßnahmen-Bereich Kommunikations-Management (G)

Das Kommunikations-Strategie-Controlling dient dazu, laufend nachzuvollziehen, inwieweit es gelingt, die verabschiedete Kommunikations-Strategie umzusetzen, und zu prüfen, ob die eingesetzten Maßnahmen die erforderliche Wirkung tatsächlich erreichen.

Auf der **I-Ebene, der Ebene der Dialog-Systeme,** unterscheiden wir ebenfalls vier Maßnahmen-Bereiche.

Das sogenannte Kontakt-Marketing dient dazu, laufend neue Chancen der Begegnung und des Austauschs mit wichtigen Zielgruppen zu schaffen.

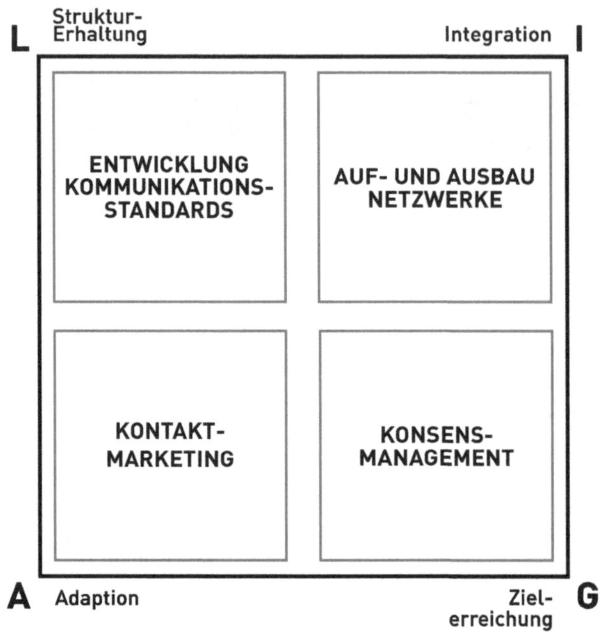

Maßnahmen-Bereich Dialog-Systeme (I)

Das Konsens-Management umfasst Maßnahmen, die dazu dienen, möglichst direkt die Zustimmung der Zielgruppen zu mobilisieren und für seine Ziele zu nutzen.

Im Bereich des Auf- und Ausbaus von Netzwerken geht es darum, langfristig wirksame Maßnahmen zur Sicherung einer guten Beziehung zu internen und externen Zielgruppen einzusetzen.

Bei der Entwicklung von Kommunikations-Standards geht es um die Klärung und Verankerung von verbindlichen Kommunikations-Regeln im Austausch mit den Netzwerk-Partnern des Unternehmens.

Auf der **Ebene der Diskurse (L)** dienen unter dem Stichwort »Mobilisierung kommunikativer Kompetenz« Maßnahmen dazu, die im Unternehmen verfügbare Kommunikations-Kompetenz und -Expertise á jour zu halten und gegebenenfalls auszubauen.

Im Rahmen der Maßnahmen zur Kommunikations-Strategie werden die verbindlichen Prämissen und Pläne für die gesamte Kommunikation des Unternehmens entworfen.

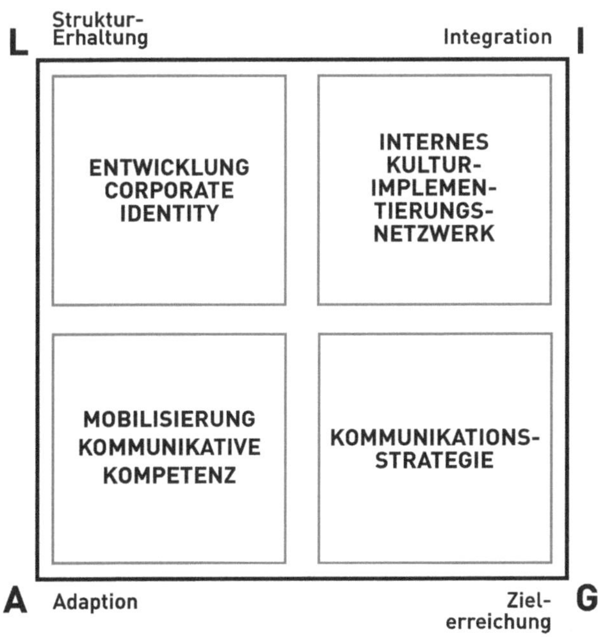

Maßnahmen-Bereich Diskurse (L)

Maßnahmen zur Gewährleistung des internen Kultur-Implementierungs-Netzwerkes dienen zur Verankerung der verbindlichen Unternehmens-Vision in der Unternehmens-Organisation, der Unternehmens-Philosophie und der Durchsetzung aller Bestandteile der im Unternehmen entwickelten Corporate Identity im Unternehmens-Alltag.

Maßnahmen zur Entwicklung der Corporate Identity dienen der Diskussion der Corporate Identity: der Vision, Philosophie und des Corporate Designs (Gestaltungsvorgaben für Firmenzeichen, Design von Geschäftspapieren usw.).

Hieraus ergibt sich folgender Gesamtrahmen für Investor-Relations-Maßnahmen:

Entwicklung Corporate Identity (l) Internes Kultur-Implementierungs-Netzwerk (i) **DISKURSE (L)** Mobilisierung kommunikative Kompetenz (a) Kommunikations-Strategie (g)	Entwicklung Kommunikations-Standards (l) Auf- und Ausbau Netzwerke (i) **DIALOG-SYSTEME (I)** Kontakt-Marketing (a) Konsens-Management (g)
Trend-Monitoring (l) Betrieb Informationskanäle (i) **INFORMATIONS-AUSTAUSCH (A)** Fakten-Mobilisierung (a) Informations-Management (g)	Kommunikations-Strategie-Controlling (l) Organisation der Kommunikation (i) **KOMMUNIKATIONS-MANAGEMENT (G)** Kommunikations-Ressourcen-Mobilisierung (a) Kommunikations-Projekte (g)

Frage:

Welche Maßnahmen stecken nun ganz konkret in den einzelnen Ebenen und in den einzelnen Feldern? In der Folge sollen diese Bereiche und die dazu gehörenden Maßnahmen charakterisiert werden.

Die Investor Relations-Tool Box

In aller Kürze:

Für erfolgreiche Investor Relations reicht es nicht aus, jeweils nur einen Aspekt - Information, Durchsetzung im Meinungsmarkt, Konsens bei Zielgruppen oder Kontinuität der Kommunikation - im Auge zu behalten. Stattdessen müssen hier systematisch alle diese Aufgabenstellungen miteinander vereinbart werden. Erst so erreichen Unternehmen durchgängige Integration mit der Finanz-Öffentlichkeit und den Anlegern.

Wir illustrieren die Beziehung des Unternehmens mit seiner Umgebung durch Pfeile, die den kontinuierlichen und wechselseitigen Austausch symbolisieren.

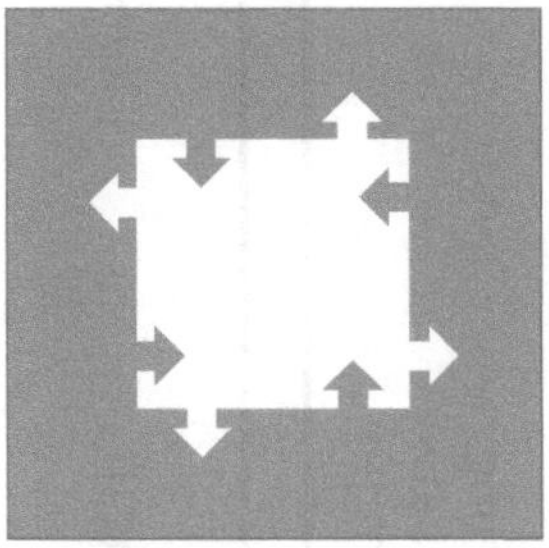

Integration von Unternehmen und Umgebungssystemen

Maßnahmen für den Informations-Austausch (A)

Schwach entwickelte Kommunikations-Tätigkeit und Information lässt Unternehmen in der Öffentlichkeit und bei den Zielgruppen schwach und undifferenziert erscheinen.

Herausforderung Informationsaustausch

Erfolgreicher Informations-Austausch mit den Zielgruppen ist Basis-Aufgabe der Investor Relations eines Unternehmens. Dabei sind die Zielgruppen mit aktuellen Daten und Fakten zu versorgen, die den Status-Quo der Wertmobilisierung durch das Unternehmen belegen. Die Funktion dieses Kommunikations-Bereichs muss daran gemessen werden, ob es gelingt, die bestehenden Informationskanäle zu den Zielgruppen und -Personen effizient zu nutzen.

Das Unternehmen wiederum benötigt Belege aus diesem Kommunikations-Feld, die als wichtige Rückmeldungen dienen. Es ist zu dokumentieren, inwieweit der vom Unternehmen erarbeitete Shareholder Value tatsächlich von der Zielgruppe registriert wird und ob dieser im einzelnen erwartungsgemäß eingeschätzt wird.

Irritationen in den Zielgruppen sollten als Zeichen von Krisen von Beginn an ernst genommen werden.

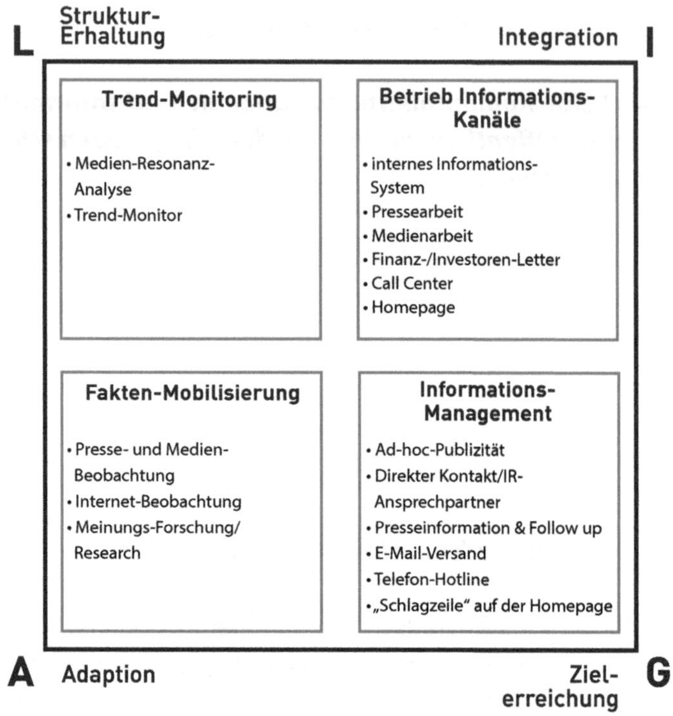

IR-Maßnahmen zum Informations-Austausch (A)

INFORMATIONS-AUSTAUSCH (A):
Fakten-Mobilisierung (A) - Presse- und Medien-Beobachtung

Aufgabe:

Die IR-Verantwortlichen im Unternehmen sind laufend über die aktuelle Berichterstattung in den verschiedenen Teilbereichen der Öffentlichkeit zu informieren.

Konzept:

Kontinuierlich ist zu beobachten, was in der Presse - in Wirtschaftsmagazinen, Wirtschaftszeitungen, Börsenfachmedien, Tageszeitungen, Branchen-Fachzeitungen -, in den übrigen Medien - Radio und TV (z.B. n-tv, Bloomberg usw.) - und den Informationsdiensten (vwd, dpa usw.) über das betreffende Unternehmen berichtet wird.

Durchführung:

Sogenannte Presse- und Medien-Dienste (»Clipping-Dienste«) bieten an, fortlaufend im Auftrag des Unternehmens nach Berichterstattung zu forschen und diese dann beispielsweise per Ausschnitt (»Clipping«) oder Sendekopie zu dokumentieren. Diese Dienste suchen nach vorgegebenen Stichworten - z.B. Unternehmens-Name, Branche, Konkurrenz-Unternehmen. Als Kunde bezahlt das Unternehmen dafür eine Grundgebühr. Für jede gefundene und dokumentierte Erwähnung wird eine weitere Gebühr fällig.

Der Dienst kann seine Suchergebnisse bei Bedarf jeden Tag per Email an das Unternehmen weiterleiten. Üblich ist die wöchentliche Übersendung aller Abdruckergebnisse.

Diese Dienste finden erfahrungsgemäß nicht alles. Das Unternehmen muss deshalb im Rahmen von eigenen Recherchen und Nachfass-Aktionen dafür sorgen, dass das Suchergebnis durch eigene Anstrengungen möglichst optimiert wird.

INFORMATIONS-AUSTAUSCH (A): Fakten-Mobilisierung (A) - Internet-Beobachtung

Aufgabe:

Die IR-Verantwortlichen im Unternehmen sind laufend auch über die aktuelle Berichterstattung im Internet zu informieren.

Konzept:

Da das Internet als Plattform für das Börsengeschehen sehr wichtig ist und hier eine Vielzahl von Börsen-Informations-Diensten aktiv sind, ist die Berichterstattung hier laufend zu beobachten.

Durchführung:

Das Unternehmen nutzt systematisch speziell dafür eingerichtete Suchdienste, »Alert«-Dienste und »Roboter/Bots«, um sich laufend über Trends der Berichterstattung zu informieren. Dabei sollten Erwähnungen der eigenen Firma, aber auch Informationen aus dem Umfeld des Unternehmens und seiner Geschäftsfelder verfolgt werden.

INFORMATIONS-AUSTAUSCH (A): Fakten-Mobilisierung (A) - Meinungs-Forschung/Research

Aufgabe:

Die IR-Verantwortlichen im Unternehmen sind laufend darüber zu informieren, wie die eigene Firma, die Branche, der das Unternehmen angehört, von den Vertretern der wichtigen Zielgruppen eingeschätzt wird.

Konzept:

Mit Hilfe verschiedenster Instrumente, z. B. der empirischen Markt- und Meinungsforschung sind laufend die Urteilsbildung und die Stimmungslagen im Bereich der Zielgruppen zu verfolgen. Dabei geht es um Einschätzungen zum eigenen Unternehmen aber auch zur Branche, in der das Unternehmen positioniert ist.

Durchführung:

Von Zeit zu Zeit hat das Unternehmen Befragungen durchführen zu lassen bzw. Branchen-Studien, die von Dritten angefertigt wurden, entsprechend auszuwerten. Insbesondere Research-Berichte von Analysten sind intensiv zu prüfen und aufzubereiten.

INFORMATIONS-AUSTAUSCH (A): Informations-Management (G) - Ad-hoc-Publizität

Aufgabe:

Das Unternehmen hat sicherzustellen, dass alle gesetzlich vorgegebenen Informations-Pflichten sorgfältig erfüllt werden.

Konzept:

Laut § 15 Wertpapierhandelsgesetz sind börsennotierte Unternehmen zur Berichterstattung verpflichtet. Unternehmen haben unverzüglich anzuzeigen, wenn die zu veröffentlichenden Tatsachen bei Aktien zu einer signifikanten Kursänderung führen können.

Durchführung:

Dem Unternehmen wird empfohlen, den über die Deutsche Börse angebotenen Informations-Service zur Weiterleitung von Ad-hoc-Mitteilungen zu nutzen. Weiterhin können diese Informationen im Anschluss auch an Journalisten und Anleger separat weitergegeben werden.

Es sollte allerdings darauf geachtet werden, dass die als Ad-hoc deklarierten Mitteilungen tatsächlich den vorgebenen Kriterien entsprechen. Der Ad-hoc-»Kanal« ist kein Mitteilungsorgan zur Verteilung von inhaltsarmen Pseudo-PR-Botschaften.

INFORMATIONS-AUSTAUSCH (A):
Informations-Management (G) - Direkter Kontakt/IR-Ansprechpartner

Aufgabe:

Das Unternehmen steht laufend für die Anfragen von Anlegern und Interessenten zu Verfügung.

Konzept:

Häufig wenden sich Interessenten mit Fragen direkt an das Unternehmen. Es wird deshalb eine rund um die Uhr funktionierende Kontakt-Möglichkeit und »Ansprechstation« im Unternehmen installiert.

Durchführung:

Permanent steht ein Ansprechpartner für Fragen zum Unternehmen und zur Aktie zur Verfügung. Diese Funktion ist im gesamten Unternehmen allen Mitarbeitern bekannt, so dass beispielsweise im Fall von von Außen - etwa per Anruf oder Email - eingehende Anfragen zur Aktie ohne Umwege an die richtige Stelle geleitet werden.

INFORMATIONS-AUSTAUSCH (A):
Informations-Management (G) - Presseinformation & Follow up

Aufgabe:

Die Hintergrundinformationen zum Unternehmen sollen den Medien zur Verfügung gestellt werden.

Konzept:

Das Unternehmen nutzt Pressetexte zur journalistengerechten Information der Medien und bemüht sich um die redaktionelle Verwendung dieser Texte.

Durchführung:

Das Unternehmen entwickelt mediengerechte Pressetexte und Textvarianten mit Blick auf den jeweiligen redaktionellen Schwerpunkt der angesprochenen Medien. Im Rahmen einer anschließenden Nachfassaktion (»follow up«) wird sichergestellt, dass die betreffende Information tatsächlich beim zuständigen Redakteur angekommen ist. Geklärt wird auch, ob die Redaktion weitergehende Informationen benötigt. Darüber hinaus wird mit den Redakteuren abgestimmt, ob die Meldung verwendet - »abgedruckt« oder online veröffentlicht - wird. Weiterhin kann bei dieser Gelegenheit abgesprochen werden, dass die Redaktion dem Unternehmen nach einem eventuellen Abdruck der Presseinformation ein Belegheft zuschickt.

INFORMATIONS-AUSTAUSCH (A): Informations-Management (G) - E-Mail-Versand

Aufgabe:

Das Unternehmen hat alle technischen Möglichkeiten zu nutzen, um die lückenlose Information der Zielgruppen sicherzustellen.

Konzept:

Im Unternehmen werden alle aktuellen technischen Ressourcen genutzt, die zur gezielten Information der Dialog-Gruppen verfügbar sind.

Durchführung:

An dieser Stelle sei stellvertretend für diese technischen Trends darauf hingewiesen, dass Redaktionen heute kaum mehr per Post mit Informationen versorgt werden können. Auch der Versand per Fax verspricht kaum mehr Erfolg. Das E-Mail ist als Informations-Instrument zur Ansprache von Redakteuren seit langem etabliert. Da die Redaktionen tagtäglich mit bis zu Hunderten von Einzelmeldungen konfrontiert werden, ist es häufig nicht sinnvoll, den Redakteuren die komplette Meldung ohne vorherige Absprache zu schicken. Es hat sich bewährt, den Redaktionen eine stark verkürzte Information zusammen mit einer Antwort-Möglichkeit zukommen zu lassen. Der zuständige Redakteur kann dann bei Bedarf die komplette Mitteilung nebst Pressefotos anfordern.

INFORMATIONS-AUSTAUSCH (A):
Informations-Management (G) - Telefon-Hotline

Aufgabe:

In Situationen gesteigerten Interesses auf Seiten der Öffentlichkeit stellt das Unternehmen sicher, dass Nachfragen umgehend beantwortet werden.

Konzept:

In den Fällen, in denen Interessenten in großer Zahl und Frequenz Fragen an das Unternehmen richten, wird beispielsweise durch eine Telefon-Hotline dafür gesorgt, dass relevante Informationen zugänglich gemacht werden. Außerdem werden darüber hinausgehende, nicht sofort beantwortbare Fragen dokumentiert und zu einem späteren Zeitpunkt durch das Unternehmen aktiv verfolgt und beantwortet.

Durchführung:

Eine solche große Informations-Nachfrage ist beispielsweise vor dem Börsengang oder bei späteren Kapitalerhöhungen und einer Ausgabe von jungen Aktien zu erwarten. Auch in Krisen-Situationen können Anfragen sprunghaft zunehmen. In diesen Fällen sollte eine Telefon-Hotline eingerichtet werden, die der Beantwortung der Anfragen und der Aufnahme von Adressen für die anschließende Versendung von Informationsmaterial dient. Die Hotline-Nummer ist möglichst breit bekannt zu machen.

INFORMATIONS-AUSTAUSCH (A): Informations-Management (G) - »Schlagzeile« auf der Homepage

Aufgabe:

Alle für die Außenwelt zugänglichen Informations-Wege zum Unternehmen sind kontinuierlich auf einem übereinstimmenden Informations-Stand zu halten.

Konzept:

Die Internet-Präsenz eines Unternehmens ist zu einem Testfall für die Ernsthaftigkeit geworden, mit der die Informations-Pflichten verfolgt werden. Alle für die Öffentlichkeit interessanten Entwicklungen sind automatisch und zeitnah auf den Internet-Seiten des Unternehmens zu dokumentieren.

Durchführung:

Alle aktuellen Informationen sind sofort auf der Homepage abzusetzen. Weiterhin sollten Investoren und Journalisten die Möglichkeit haben, wichtige Texte wie Ad-hoc-Mitteilungen und Pressemitteilungen in einem Download-Bereich als Text-Datei oder pdf-Datei herunterzuladen. Die Dateien sind so zu gestalten, dass die Download-Zeit möglichst kurz ist - die Dateien sollten möglichst wenig Speicherplatz in Anspruch nehmen.

Für die Zielgruppen kann es darüber hinaus bei einem wichtigen Thema auch von Interesse sein, aktuelle Artikel und Berichterstattung über das Unternehmen nachzulesen.

INFORMATIONS-AUSTAUSCH (A):
Betrieb Informations-Kanäle (I) - Internes Informations-System

Aufgabe:

Mitarbeiter eines börsennotierten Unternehmens sind die Kommunikations-Zielgruppe Nummer eins. Alle für die Außenwelt relevanten Informationen sind zunächst auch allen Kollegen zur Kenntnis zu bringen.

Konzept:

Die Mitarbeiter können mit Hilfe einer Kombination aus altbewährten Kommunikations-Instrumenten und modernen IT-gestützten Tools laufend und optimal auf den notwendigen Informations-Stand gebracht werden.

Durchführung:

Im Unternehmen können auch »Schwarze Wände« für die Verbreitung von neuen Informationen verwendet werden, sofern diese nicht gerade tagesaktuell sind. Für solche Informationen eignen sich eher Unternehmens-interne E-Mails an alle Mitarbeiter. Wichtige Erklärungen können natürlich auch mündlich vor der Mitarbeiterversammlung abgeben werden. Wichtig ist weiterhin, dass Mitarbeiter über das Echo der Investor Relations auf dem Laufenden gehalten werden. Dazu sollten die vom Unternehmen versandten Presseinformationen und die dadurch motivierten Medienberichte in Kopie etwa im Rahmen eines »Umlaufs« allen Mitarbeitern zur Kenntnis gebracht werden.

INFORMATIONS-AUSTAUSCH (A): Betrieb Informations-Kanäle (I) - Pressearbeit

Aufgabe:

Alle zuständigen Redakteure der Printmedien sind über die aktuellen Entwicklungen des Unternehmens zu informieren.

Konzept:

Um die Information der Presse sicherzustellen, sind Informationen und Hintergründe journalistengerecht aufzubereiten. Außerdem ist sicherzustellen, dass die konkrete Presseinformation tatsächlich für die jeweils angesprochenen Redakteure Relevanz haben.

Durchführung:

Pressearbeit beginnt in der Regel mit der Entwicklung einer oder sogar mehrerer Adressdatenbanken. Für die verschiedenen Themen, die im Rahmen der IR eines Unternehmens bearbeitet werden müssen, gibt es häufig bei ein und demselben Medium auch verschiedene Ansprechpartner. Diese Ansprechpartner sind möglichst im Vorfeld zu ermittelt und dann ganz gezielt anzusprechen. Denn: Mitteilungen, die von PR-Leuten z. B. adressiert werden an »Chef vom Dienst« oder »Chefredaktion«, landen erfahrungsgemäß auf direkten Weg im Mülleimer der Redaktion.

Diese Adressen müssen sorgfältig gepflegt werden. Sollte im Rahmen eines telefonischen Nachfasses deutlich werden, dass ein Ansprechpartner gewechselt hat oder etwa eine Telefonnummer nicht mehr stimmt, ist dies in der Datenbank sofort entsprechend zu ändern. In den Redaktionen gibt es laufend entsprechende Änderungen. Ein nicht kontinuierlich gepflegter Presseverteiler ist innerhalb eines Jahres kaum noch verwendbar.

Beim Abfassen des Pressetextes ist genau darauf zu achten, dass die Informations-Bedürfnisse der Journalisten berücksichtigt werden. Finanz-

Redakteure können mit den technischen Features einer neuen technischen Errungenschaft wahrscheinlich wenig anfangen. Sie brauchen stattdessen finanzrelevante Informationen: Inwieweit ändert sich durch eine neue technische Entwicklung die Marktposition des Unternehmens? Welches Wertsteigerungs-Potenzial steckt hinter der neuen Errungenschaft?

Wichtig ist auch die Illustrierung dieser Informationen. Redaktionen sind häufig dankbar für präsentables Fotomaterial, das Details einer Presseinformation erläutert.

Ganz wesentlich ist die »redaktionelle« Gestaltung der Fotomotive. Für die Pressearbeit sollte in der Regel anderes Fotomaterial verwendet werden als für den werblichen Auftritt des Unternehmens. Redakteure reagieren teilweise sehr empfindlich, wenn versucht wird, Ihnen Fotos aus Werbeprospekten als Pressefotos zu »verkaufen«.

INFORMATIONS-AUSTAUSCH (A):
Betrieb Informations-Kanäle (I) - Medienarbeit

Aufgabe:

Für die Berichterstattung des Börsengeschehens sind die elektronischen Medien wichtig. Das Unternehmen nutzt deshalb wirkungsvoll die Möglichkeiten von TV und Radio, um seine Investor Relations zu unterstützen.

Konzept:

Die elektronischen Medien haben auch in Deutschland zunehmend Möglichkeiten für die Berichterstattung über das Börsengeschehen eingerichtet. Verschiedene Nachrichtensender im Fernsehen bieten Finanzberichterstattung rund um die Uhr. Das Fernsehen bietet sich dadurch beispielsweise an als Werbe-Medium etwa im Vorfeld eines Börsenganges. Allerdings werden hier nicht nur klassische Werbespots ausgestrahlt. Es gibt auch die Möglichkeit, sogenannte »Infomercials« produzieren zu lassen. Dabei handelt es sich um reportageartige PR-Beiträge, die ebenfalls zu vorher abgestimmten Zeiten gesendet werden.

Weiterhin sind die Sender wegen ihrer redaktionellen Arbeit für börsennotierte Unternehmen wichtig.

Durchführung:

So wie im Bereich der Pressearbeit Texte und Fotos journalistengerecht aufbereitet werden, können die Unternehmen hochwertiges Filmmaterial zu ihrem Unternehmen anfertigen lassen. Dabei können Details des Unternehmens dokumentiert werden, beispielsweise die Produktion, ein Laborbetrieb usw. Dieses Material kann den Sendern zur Verfügung gestellt werden. Möglicherweise werden die Redaktionen dadurch dazu angeregt, eine eigene Reportage zu produzieren. Es kommt auch vor, dass Sequenzen des vom Unternehmen vorproduzierten Materials im Rahmen von Hintergrundberichten benutzt werden.

INFORMATIONS-AUSTAUSCH (A):
Betrieb Informations-Kanäle (I) - Finanz-/Investoren-Letter

Aufgabe:

Das Unternehmen nutzt die Möglichkeit, einen direkten Kontakt zu Anlegern zu etablieren und diesen zu pflegen. Dafür sind adäquate Medien zu entwickeln.

Konzept:

Die meisten Informationen, die die Anleger über das Unternehmen erhalten, sind durch Dritte vermittelt. Sie lesen Research-Berichte von Banken und Analysten, Artikel in Finanzmedien usw. Mit Hilfe von selbst gestalteten Kommunikations-Medien wie etwa einem Investoren-Letter erhält das Unternehmen die Möglichkeit, sich direkt an die Zielgruppe zu wenden. Es kann Entwicklungen aus der eigenen Perspektive darstellen. Ein Investoren-Letter bietet zudem die Möglichkeit, Leser durch Aktionen und Dialog-Angebote zum direkten Kontakt und zum Dialog zu motivieren.

Durchführung:

Das Medium eines Finanz- oder Investoren-Letters verfügt über eine Vielzahl von Gestaltungs-Möglichkeiten. Er kann beispielsweise als gedrucktes Heft konzipiert sein und Gestaltungselemente eines Nachrichten-Magazins haben. Möglich sind auch drucktechnisch sehr einfach gemachte Newsletter, die einfach im Schnelldruck vervielfältigt werden.

Empfehlenswert ist es, zwei Dinge zu kombinieren: Der Letter kann zunächst einmal als elektronisches, farbiges Medium gestaltet werden, das per E-Mail an Interessenten verschickt wird (pdf-Datei). Für diejenigen Ansprechpartner, deren Email-Adresse nicht verfügbar ist, wird der Letter gedruckt und ausgesandt.

INFORMATIONS-AUSTAUSCH (A): Betrieb Informations-Kanäle (I) - Call Center

Aufgabe:

Die kontinuierliche Ansprechbarkeit für Anfragen von außen ist nicht nur in Situationen besonderen Interesses zu gewährleisten, sondern kontinuierlich - täglich und rund um die Uhr.

Konzept:

Es kann sich erweisen, dass ein Unternehmen über einen längeren Zeitraum derartig mit Anfragen über das Telefon und per E-Mail belastet wird, dass die zuständigen Mitarbeiter überfordert zu werden drohen. In dem Fall ist zu überlegen, ob professionelle Unterstützung bei Dienstleistern nachgefragt werden kann.

Durchführung:

Im Bereich des Handlings von Telefonanrufen und E-Mails gibt es professionelle Angebote von Telefon- und von E-Mail-Call-Centern. Das Unternehmen kann die eingehenden Anfragen und E-Mails von außen unbemerkt und diskret weiterleiten. Da sich die meisten Fragen, die hier gestellt werden, ähneln, und Antworten damit vorbereitet werden können, ist es durchaus möglich, einen Großteil der eingehenden Fragen durch Call-Center mit geschulten Mirarbeitern betreuen zu lassen.

INFORMATIONS-AUSTAUSCH (A):
Betrieb Informations-Kanäle (I) - Homepage

Aufgabe:

Das Internet ist für alle börsennotierten Unternehmen zum Basisinformations-Medium geworden. Die Gestaltung des Auftritts hier sollte optimal für die Investor Relations des Unternehmens genutzt werden.

Konzept:

Das Deutsche Aktieninstitut stellt fest, dass börsennotierte Aktiengesellschaften das Internet intensiv für ihre Investor-Relations-Arbeit nutzen. Allerdings sind Inhalt und Form der Präsentation sehr unterschiedlich. Anleger, Analysten oder Journalisten haben es deshalb schwer, die für sie jeweils relevanten Informationen zu finden.

Umsetzung:

Börsennotierte Aktiengesellschaften sollten auf ihrer Homepage mindestens die nachfolgend genannten IR-Informationen anbieten:

- *Hinweis (Link) auf die IR-Informationen bereits auf der Homepage des Unternehmens*
- *Unternehmensprofil und aktuelle Unternehmenspräsentationen*
- *Anzeige des Kursverlaufs der Aktie(n) und der Aktienumsätze*
- *Kenndaten und Kennzahlen der Aktie(n)*
- *Entwicklung des Grundkapitals (genehmigtes Kapital, Kapitalerhöhungen etc.)*

- *Geschäfts- und Zwischenberichte (evtl. Kurzfassungen) sowie Satzung zum Download; zusätzlich Angabe einer Bestelladresse*
- *Veröffentlichung eines Finanzkalenders (Hauptversammlung, Analystenveranstaltungen etc.)*
- *Aktuelle und archivierte Ad-hoc-Mitteilungen*
- *Pressemitteilungen*
- *Evtl. Auszüge aus den Medien über das Unternehmen (Presse-Clippings)*
- *Soweit möglich, eine Aufschlüsselung der Aktionärsstruktur, auf jeden Fall Angabe der Anteile des Managements und des Free float*
- *Namentliche Nennung von Vorstand und Aufsichtsrat sowie des IR-Managers und des Pressesprechers*
- *Selbstverpflichtungen, z.B. auf Corporate Governance-Grundsätze oder die Grundsätze des DIRK*
- *Sofern vorhanden, Hinweise oder Links auf Researchberichte*
- *Sofern vorhanden, Audio- / Videopräsentationen, z.B. Imagefilm*
- *Frequently Asked Questions*
- *Angebot eines RSS-Feeds und eines Newsletters*

INFORMATIONS-AUSTAUSCH (A):
Trend-Monitoring (L) - Medien-Resonanz-Analyse

Aufgabe:

Die Medien-Wirkung des Unternehmens ist fortlaufend nicht nur zu registrieren, sondern auch zu analysieren und zu interpretieren.

Konzept:

Da sich ein börsennotiertes Unternehmen in einem sehr dynamischen Meinungs-Umfeld bewegt, das schnellen Wandlungen unterworfen ist, reicht das Sammeln und Auszählen von Berichterstattung in Online- oder Offline-Medien nicht aus. Die entsprechenden Berichte müssen darüber hinaus auch gezielt ausgewertet werden.

Durchführung:

Die Berichterstattung sollte nach unterschiedlichsten Kriterien ausgewertet werden. Dabei wird ein Bench-Marking mit Blick auf Konkurrenz-Unternehmen am Finanzmarkt vorgenommen. Es ist vor diesem Hintergrund zu prüfen, ob das Unternehmen eher gut oder eher unterrepräsentiert erscheint. Mittels Methoden aus dem Bereich der Inhaltsanalyse ist zu klären, wie das Unternehmen eingeschätzt wird, wo positive Argumente von den Medien aufgegriffen werden oder wo diese möglicherweise gar nicht registriert werden.

Insbesondere geht es darum, laufend darüber informiert zu sein, wie sich das Bild des Unternehmens in der Öffentlichkeit entwickelt und welche Tendenzen hier zu beobachten sind.

INFORMATIONS-AUSTAUSCH (A): Trend-Monitoring (L) - Trend-Monitor

Aufgabe:

Neben der Beobachtung der Wirkung, die das Unternehmen bei den Medien erzielt, ist zu verfolgen, wie das gesamte Umfeld beispielsweise der Branche des Unternehmens von der Finanz-Zielgruppe gesehen und wie es eingeschätzt wird.

Konzept:

Die Wirkung, die das Unternehmen durch Informationen bei den Zielgruppen bewirken kann, muss im Kontext von beherrschenden Meinungstrends gesehen werden, die das Unternehmen selbst nicht beeinflussen kann. Es kann lediglich alles tun, dass diese Trends frühzeitig erkannt und bei den eigenen Informations-Bemühungen frühzeitig berücksichtigt werden.

Durchführung:

Die Beurteilung des Wertes eines Unternehmens ist kurzfristig sehr stark dadurch beeinflusst, wie die Branche oder auch das Börsen-Segment gesehen wird, zu dem die AG gehört. Die dahinter steckenden Trends sind laufend zu beobachten und bei der eigenen Informations-Tätigkeit zu berücksichtigen. Insbesondere ist nach Konflikt-Potenzial Ausschau zu halten und frühzeitig für das eigene Vorgehen zu berücksichtigen.

Maßnahmen für das Kommunikations-Management (G)

Selbst kontinuierliche Kommunikations-Arbeit führt bei fehlender Strategie nur zur schemenhaften Ausprägung eines Unternehmens-Bildes bei Öffentlichkeit und Zielgruppen.

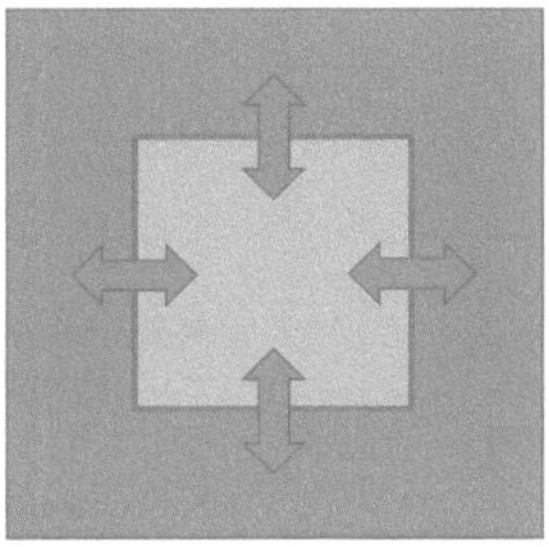

Herausforderung Kommunikations-Management

Die Umsetzung von Kommunikations-Maßnahmen erfordert langfristiges und gezieltes Vorgehen. Dazu gehört neben einem im Vorhinein definierten Etat, einem professionellen Projekt-Mangement eine Definition von Arbeitsplätzen und -prozessen und auch ein laufendes Controlling.

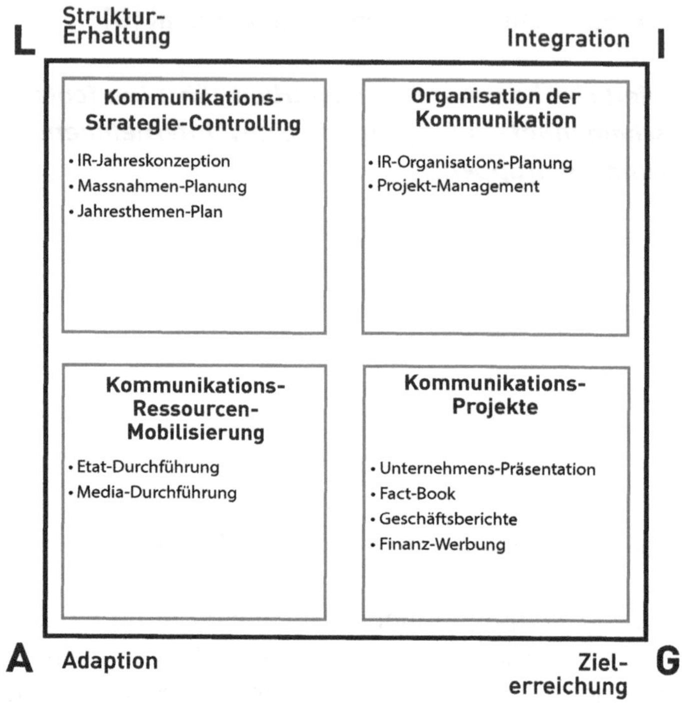

IR-Maßnahmen im Bereich Kommunikations-Management (G)

KOMMUNIKATIONS-MANAGEMENT (G): Kommunikations-Ressourcen-Mobilisierung (A) - Etat-Durchführung

Aufgabe:

Für die verschiedenen Kommunikations-Aufgaben, die im Rahmen der Investor Relations des Unternehmens durchgeführt werden, sind ausreichende Etat-Mittel zur Verfügung zu stellen.

Konzept:

Für die Kommunikations-Arbeit ist ein Etat aufzustellen, dessen Höhe sich im wesentlichen nach der zugrundeliegenden Kommunikations-Jahreskonzeption richtet.

Durchführung:

Dabei ist zu berücksichtigen, dass ein Großteil des Etats für bereits zum Jahresanfang feststehende Projekte eingesetzt wird - z.B. für die Entwicklung und Produktion des Geschäftsberichts, für Veranstaltungen, Honorare der gegebenenfalls beauftragten IR- oder PR-Agentur.

Für außerplanmäßige Anlässe und besondere Kommunikations-Chancen sollte dabei aber von Beginn an eine Etat-Reserve von 10% bis 20% vorgesehen werden.

KOMMUNIKATIONS-MANAGEMENT (G): Kommunikations-Ressourcen-Mobilisierung (A) - Media-Durchführung

Aufgabe:

Werbe-Maßnahmen und insbesondere die Schaltung von Anzeigen sollen unter dem Gesichtspunkt der Erzielung eines größtmöglichen Nutzens für das Unternehmen durchgeführt werden.

Konzept:

Alle werblichen Maßnahmen im Zusammenhang mit den Investor Relations des Unternehmens sind möglichst langfristig zu planen, um Platzierungsvorteile ausschöpfen zu können.

Durchführung:

Bestimmte Anzeigenräume sind über Monate ausgebucht. Dies ist insbesondere bei geplanten Anzeigenschaltungen im Rahmen von Börsengängen zu beachten.

Beim Umgang mit Verlagen und Sendern lohnt es sich, zur Optimierung von Planung und Umsetzung der Werbemaßnahmen mit Mediaspezialisten und Media-Agenturen zusammenzuarbeiten, weil diese die von den Verlagen erstattetete Agenturprovisionen bekommen, die der Anzeigenkunde direkt nicht abrufen kann. Außerdem können sie in der Regel bei den Anzeigenleitungen besser Rabatte aushandeln.

KOMMUNIKATIONS-MANAGEMENT (G): Kommunikations-Projekte (G) - Unternehmens-Präsentation

Aufgabe:

Das Unternehmen benötigt für eine Vielzahl von Situationen Präsentations-Material, das nicht nur informativ ist, sondern auch Image-bildend wirkt.

Konzept:

Für die Investor Relations des Unternehmens wird eine möglichst konsistente Unternehmens-Präsentation entwickelt, die auf verschiedenen Medien-Plattformen umzusetzen ist. Für Gespräche mit unterschiedlichen Gesprächspartnern benötigt das Unternehmen Selbstdarstellung etwa in Form einer Beamer-Präsentationen oder einer »Prezi« (https://prezi.com). Gedruckt entsteht aus der Präsentation eine Image-Broschüre. Diese Präsentation kann auch als Film inszeniert werden und als Unternehmens-Video eingesetzt werden.

Durchführung:

In welchen Formen die Präsentation auch immer eingesetzt wird, erfahrungsgemäß ist die Wirkung dieser Instrumentarien am größten, wenn die Gestaltung möglichst einheitlich gehalten wird.

KOMMUNIKATIONS-MANAGEMENT (G):
Kommunikations-Projekte (G) - Fact-Book

Aufgabe:

Für Investoren und andere Interessenten aus der Financial Community ist eine Präsentation zu entwickeln, die auf die spezifischen Fragen dieser Zielgruppen möglichst genau abgestimmt ist.

Konzept:

In Deutschland wird zur Weitergabe an Investoren, Analysten, Wirtschaftsredakteure usw. ein Investoren-Handbuch - das sogenannte Fact-Book - geführt und laufend aktualisiert.

Durchführung:

Der Umfang des Fact-Books kann variiert werden:

Mit der Kurzform des Factbooks können die wichtigsten Informationen zu einem Börsengang oder einer Kapitalerhöhung usw. stichpunktartig festgehalten werden. Diese Version des Investoren-Handbuchs kann als Folder per Druck realisiert werden und an einen größeren Verteiler gestreut werden - an Kleinanleger, Interessierte usw. Es kann beispielsweise als Argumentations-Leitfaden auch an die Kundenberater der Banken verteilt werden.

Die Langversion des Factbooks ist das umfassende Manual der Finanzkommunikation des Unternehmens. Es enthält alle wesentlichen Fakten über Unternehmensgeschichte, Geschäftsfelder, Markt- und Produktentwicklungen, die für das Unternehmen relevant sind. Im Einzelnen enthält es:

- *Geschichte und Selbstverständnis des Unternehmens*
- *Unternehmens-Strategie*
- *Unternehmens-Aufbau und Organisations-Struktur*
- *wesentliche Geschäftsabläufe*
- *Detailinformationen zu den verschiedenen wesentlichen Geschäftsfeldern des Unternehmens*
- *Markt- und Umfeld-Konstellation, in dem sich das Unternehmen bewegt*
- *durch die Geschäftstätigkeit tangierte gesellschaftliche Interessen*
- *Übersicht über relevante ökonomische und soziale Trends*
- *ausführliche Kennzahlendarstellungen mit Erläuterungen*
- *usw.*

KOMMUNIKATIONS-MANAGEMENT (G):
Kommunikations-Projekte (G) - Geschäftsberichte

Aufgabe:

Für die Financial Community sind die Ergebnisse der Geschäftstätigkeit laufend detailliert zu dokumentieren und erläutern.

Konzept:

In den verschiedensten Börsensegmenten haben börsennotierte Unternehmen kontinuierlich - oft quartalsweise - in deutscher und englischer Sprache jeweils einen ausführlichen Bericht über den Gang der Geschäfte vorzulegen - also einen Quartalsbericht zum ersten Quartal, einen unfangreicheren Halbjahresbericht zum zweiten, einen weiteren Quartalsbericht zum dritten Quartal. Das vierte Quartal wird üblicherweise im jährlichen Bericht, dem eigentlichen Geschäftsbericht dargestellt.

Durchführung:

Von diesen Berichten wird in der Regel nur der Geschäftsbericht in einer größeren Auflage als Broschüre gedruckt vorgelegt. Die übrigen Zwischenberichte sollten zumindest als pdf-Datei auf der Homepage zum Download angeboten werden.

Der Geschäftsbericht enthält folgende Angaben:

- *detaillierte Segmentsberichterstattung mit Zahlenangaben zum Umsatz und Ergebnis*
- *Berichterstattung über die Entwicklung der Aktie des Unternehmens*
- *Berichterstattung über Erfolge der Investor Relations-Bemühungen*
- *Bericht des Aufsichtsrats*

- *Berechnung der Wertschöpfung sowie Angabe wichtiger Unternehmenskennzahlen*
- *Entwicklung des Anlagevermögens*
- *eine Kapitalflussrechnung*
- *einen Mehrjahresvergleich der wichtigsten Unternehmensziffern*
- *einen detaillierten Überblick über die Beteiligungen (Beteiligungsquote, Zeitpunkt der Konzernzugehörigkeit, Adresse, Umsatz, Ergebnis, Zahl der Mitarbeiter)*
- *Finanzkalender*
- *Adressen und Ansprechpartner im Unternehmen*

Der jährliche Geschäftsbericht ist das zentrale Kommunikationsmedium des börsennotierten Unternehmens. Mit ihm lassen sich nicht nur die gesetzlich vorgeschriebenen Berichtspflichten abdecken. Leser von Geschäftsberichten erwarten heute einiges mehr: eine Inszenierung der Unternehmens-Kultur, eine Illustrierung der Unternehmens-Strategie und eine Präsentation der den Unternehmens-Erfolg verantwortenden Köpfe und Persönlichkeiten.

Die Entwicklung und Produktion eines Geschäftsberichts, der diesen Erwartungen entspricht, ist ein extrem aufwändiges Projekt mit großem Zeit- und Geldaufwand. Ein imageträchtiger Geschäftsbericht, der neben den Zahlenwerken und den gesetzlich vorgeschriebenen Berichten einen umfassenden redaktionellen Teil enthält und individuell gestaltet ist, verschlingt leicht eine halbjährliche Vorbereitungszeit und einen Etat von bis zu weit über 100.000 Euro.

KOMMUNIKATIONS-MANAGEMENT (G):
Kommunikations-Projekte (G) - Finanz-Werbung

Aufgabe:

Das Unternehmen setzt für die Investor Relations in wichtigen Situationen gezielt Massnahmen ein, bei denen Details der Erscheinungsweise genau gesteuert werden können: nämlich werbliche Medien.

Konzept:

Investor Relations können mit Hilfe der klassischen PR-Maßnahme »Pressearbeit« nicht genau vorprogrammieren, wie die Botschaft des Unternehmens aufgefasst und präsentiert wird. In wichtigen Situationen greift das Unternehmen deshalb zu den Möglichkeiten der Finanzwerbung, bei der Gestaltung, Inhalte und Platzierung komplett vom Unternehmen bestimmt werden können.

So kann beispielsweise mit Hilfe von IR-Anzeigen die Aufmerksamkeit der Finanz-Öffentlichkeit am Unternehmen laufend und gezielt wachgehalten werden.

Durchführung:

Große Bedeutung hat die Finanzwerbung beim Börsengang und bei Kapitalerhöhungen. Das Unternehmen erhält damit die Möglichkeit, neue potenzielle Investoren anzusprechen und mit allen wesentlichen Hintergrundinformationen zu versehen.

Wichtig ist zu bedenken, dass diese Finanzanzeigen auch große Bedeutung als Imageträger für das Unternehmen haben. Die Gestaltung der Anzeigenlayouts sollte grundsätzlich eng abgestimmt sein mit den Gestaltungs-Vorgaben des Corporate Design des Unternehmens. Das Design der Anzeigen und des Geschäftsberichts sollten unbedingt »aus einem Guss« sein.

KOMMUNIKATIONS-MANAGEMENT (G):
Organisation der Kommunikation (G) - IR-Organisations-Planung

Aufgabe:

Effektive Investor Relations brauchen als organisatorischen Hintergrund für jede Situation klare Entscheidungs- und Abstimmmungsabläufe.

Konzept:

Im Bereich der Investor Relations tritt häufig Zeitdruck und Bedarf an schnellen Entscheidungen auf. Ein Teil dieser Entscheidungen muss direkt vom Management und Vorstand getroffenen werden. Auch ist es wichtig, dass der Vorstand bei wichtigen Terminen die Präsentations-Rolle übernimmt. Es ist deshalb sicherzustellen, dass die Investor Relations-Mitarbeiter jederzeit mit dem Vorstand in Verbindung treten können. Möglichst viele Entscheidungen und Abstimmungen sind allerdings wirkungsvoll an kompetente Mitarbeiter unterhalb der Vorstandsebene zu delegieren.

Durchführung:

Delegieren fällt häufig schwer, ist allerdings bei der IR eines Unternehmens wichtig. Dazu sind die Mitarbeiter mit ausreichenden Kompetenzen, Hintergrundwissen auszustatten, so dass sie im Sinne des Unternehmens agieren können, ohne dass die Qualität der Kommunikation leidet. Deshalb sollte die Arbeit in dem Bereich nicht zu sehr auf persönliche Eigenheiten eines Vorstands zugeschnitten, sondern eher an der festgelegten Strategie-Linie des Unternehmens ausgerichtet sein.

KOMMUNIKATIONS-MANAGEMENT (G):
Organisation der Kommunikation (I) - Projekt-Management

Aufgabe:

Für die Umsetzung der IR-Jahreskonzeption ist ein modernes Projekt-Management aufzubauen und umzusetzen.

Konzept:

Auch wenn Investor Relations-Mitarbeiter viele Repräsentations-Pflichten zu versehen haben, steht im Investor Relations-Bereich sorgfältige Projektarbeit im Vordergrund der Kommunikation. Ohne langfristige Terminplanung und laufende Terminkontrolle ist die gelungene Kommunikations-Begleitung des Finanzjahres unmöglich.

Durchführung:

Die IR-Verantwortlichen nutzen möglichst alle bewährten und modernen Formen des Zeitmanagements: Beispielsweise mit Hilfe softwaregestützer Projektplanung und Terminplanung wird sichergestellt, dass alle beteiligten Personen im Unternehmen über anstehende Termine, Gespräche und eventuelle Terminveränderungen informiert sind.

KOMMUNIKATIONS-MANAGEMENT (G): Kommunikations-Strategie-Controlling (L) - IR-Jahreskonzeption

Aufgabe:

Das Konzept der Investor Relations eines Unternehmens ist möglichst langfristig anzulegen. Die Wirkungen der Maßnahmen in diesem Bereich sind laufend nachzuvollziehen und möglichst zu optimieren.

Konzept:

Investor Relations sind eng abgestimmt mit der Unternehmens-Strategie. Ihre Ziele sind deutlich herauszuarbeiten und zu definieren.

Durchführung:

Vor Beginn eines neuen Geschäftsjahres wird jeweils die langfristige IR-Jahreskonzeption des Unternehmens fortgeschrieben. Dazu werden die im Laufe des Jahres erhobenen Daten der Resonanz-Analyse und des Trend-Monitorings ausgewertet. Es ist zu beurteilen, inwieweit die IR-Jahreskonzeption im vergangenen Geschäftsjahr umgesetzt werden konnte. Es ist daraus abzuleiten, inwieweit bestimmte Maßnahmen zu modifizieren sind, um Ziele besser zu erreichen. Gegebenfalls müssen auch Ziele revidiert werden oder Zwischenziele definiert werden. Die IR-Jahreskonzeption ist vom Management, Vorstand und IR-Verantwortlichen gemeinsam zu verabschieden.

KOMMUNIKATIONS-MANAGEMENT (G): Kommunikations-Strategie-Controlling (L) - Massnahmen-Planung

Aufgabe:

Für die Umsetzung der IR-Jahreskonzeption sind effiziente Maßnahmen zu entwickeln, zu planen und umzusetzen.

Konzept:

Die Erfolge der durchgeführten IR-Maßnahmen werden laufend beobachtet, bewertet und optimiert. Die Ergebnisse dieser Erfolgs-Auswertung der Einzelmaßnahmen werden laufend genutzt, um die Durchführung von Nachfolge-Maßnahmen zu optimieren.

Durchführung:

Die Durchführung von komplexen IR-Maßnahmen und die Beurteilung ihrer Wirksamkeit erfordert langjährige Erfahrung in der Umsetzung von PR-Projekten. Sollten die eigenen Mitarbeiter des Unternehmens nicht über diese Erfahrung verfügen, können professionelle externe Berater herangezogen werden.

KOMMUNIKATIONS-MANAGEMENT (G): Kommunikations-Strategie-Controlling (L) - Jahresthemen-Plan

Aufgabe:

Vor dem Hintergrund der IR-Jahreskonzeption sollte das Unternehmen für seine Investor Relations einen Kanon von Botschaften und Schwerpunkt-Themen aufbereiten, die für die inhaltliche Arbeit an den Kommunikations-Projekten Leitfunktion übernehmen.

Konzept:

Mit Blick auf die für ein Geschäftsjahr zu erwartenden operativen Ergebnisse, auf aktuelle Trends usw. sind Botschaften und Themen auszusuchen, die für die Arbeit der Wirtschafts-Journalisten möglichst nützlich sind.

Durchführung:

Wichtig ist in diesem Zusammenhang, zu ermitteln, mit welchen Schwerpunktthemen die Reaktionen der Wirtschaftsmedien im Laufe des nächsten Jahres arbeiten werden. Die meisten Medien verabschieden einen Themen-Jahresplan, der über die Anzeigenabteilungen abgerufen werden kann. Im persönlichen Gespräch mit den Redaktionen ist zu klären, welche besonderen Themen und Schwerpunkte für die nächste Zeit anstehen. Es ist möglich, in diesem Zusammenhang im Dialog mit den Redaktionen solche Themen selbst anzuregen.

Maßnahmen im Bereich Dialog-Systeme (I)

Kommunikations-Arbeit riskiert bei fehlender Vermittlung und fehlendem Aufbau von Netzwerken Konflikte zwischen Unternehmen und der Öffentlichkeit.

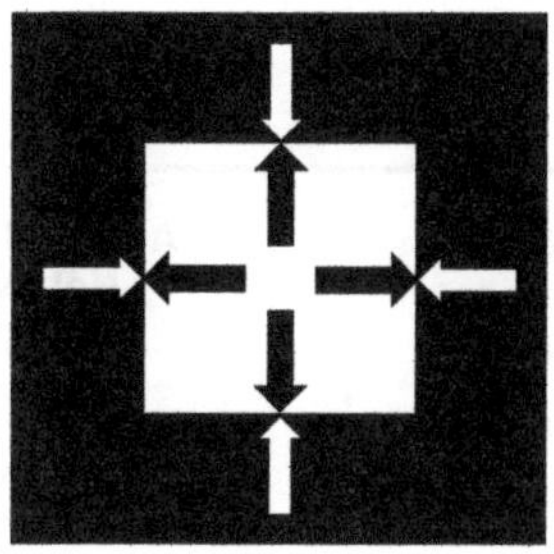

Herausforderung Bildung Dialog-Systeme

Investor Relations funktionieren nur bei enger Integration des Unternehmens in die Netzwerke der Financial Community. Dazu sind laufend gezielt Kontakte herzustellen, es ist »Überzeugungs-Arbeit« im persönlichen Gespräch zu leisten und es sind Netzwerke zu knüpfen. Ganz bewusst haben sich alle Verantwortlichen mit den Werten und Standards der Finanzwelt auseinanderzusetzen.

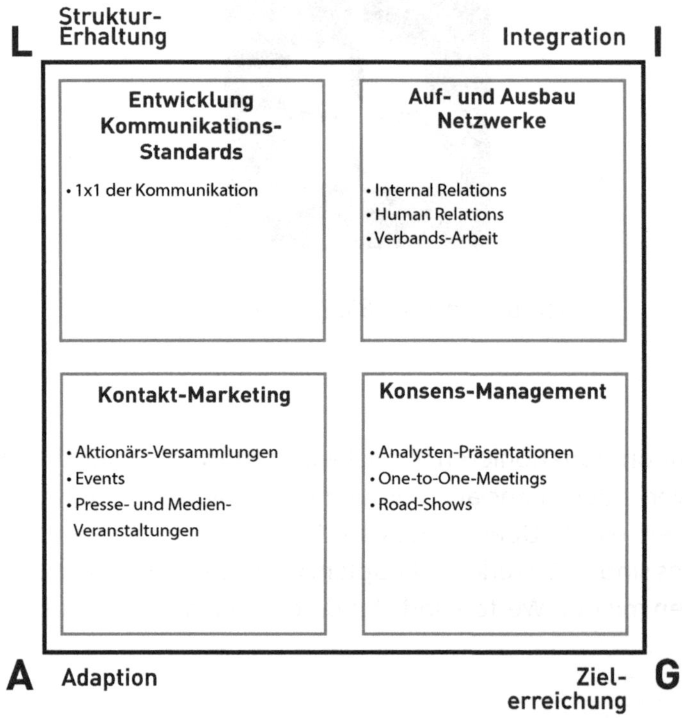

IR-Maßnahmen im Bereich Dialog-Systeme (I)

DIALOG-SYSTEME (I):
Kontakt-Marketing - Aktionärs-Versammlungen

Aufgabe:

Die Hauptversammlung (HV) der AG wird alljährlich als Gelegenheit genutzt, das Vorankommen des Unternehmens zu präsentieren und die Beziehung zu zu Anlegern, Journalisten und Meinungsmultiplikatoren eng zu knüpfen.

Konzept:

Neben den gesetzlich vorgeschriebenen Informationspflichten, die im Rahmen von Hauptversammlungen zu erfüllen sind, hat die Versammlung der Aktionäre allergrößte Bedeutung als Möglichkeit, die Vertrauenswürdigkeit des Unternehmens anschaulich zu belegen.

Durchführung:

Da die Organisation einer Hauptversammlung zunächst einer ganzen Reihe von formalen und juristischen Vorgaben unterworfen ist, sollte sich das Unternehmen hierbei, wenn es noch keine eigenen Erfahrungen sammeln konnte, von professionellen Spezialisten begleiten lassen - beispielsweise Vertreter der Konsortialbanken. Sie können den HV-Betreuer empfehlen oder bieten die Organisation der Versammlung selbst als Dienstleistung an.

Es ist die Aufgabe des IR-Verantwortlichen des Unternehmens neben der formalen und gesetzlichen Pflichterfüllung auch die Potenziale für persönliche Kontakte während dieser Veranstaltung nutzbar zu machen. Durch ein Rahmenprogramm, das die Hintergründe und Aussichten des Unternehmens näherbringt, wird den »Machern« der AG die Gelegenheit für einen ungezwungenen Kontakt mit Anlegern, Investoren und Meinungsmultiplikatoren gegeben.

DIALOG-SYSTEME (I):
Kontakt-Marketing (I) - Events

Aufgabe:

Neben den Pflichtveranstaltungen der AG sollte das Unternehmen gezielt auch andere Events nutzen, um mit seinen spezifischen Zielgruppen in Kontakt zu bleiben.

Konzept:

In der Investor Relations-Jahresplanung ist das Instrument »Events« sehr flexibel und ohne Streuverluste einsetzbar. Die einzelnen Vertreter der Zielgruppe können direkt adressiert und bei ihren Informationsbedürfnissen angesprochen werden. Vorträge von prominenten Referenten können hier genauso als »Aufhänger« genutzt werden wie Symposien oder Hausmessen.

Durchführung:

Auch für die Konzipierung und Durchführung attraktiver Events gibt es Spezialisten, auf deren Know-how das Unternehmen zugreifen kann. Event-Agenturen sorgen für den gesamten termingerechten Ablauf und können häufig auch beim Engagement von prominenten Referenten helfen.

DIALOG-SYSTEME (I):
Kontakt-Marketing (I) - Presse- und Medien-Veranstaltungen

Aufgabe:

Massenmedien sind wichtige Kanäle der Meinungsmultiplikation im Finanzbereich. Deshalb ist es wichtig, eine auf gegenseitigem Vertrauen basierende Beziehung zu verantwortlichen Redakteuren aufzubauen.

Konzept:

Es gibt zahlreiche Möglichkeiten, Events für Journalisten zu organisieren und das Unternehmen diffenziert zu präsentieren. Hauptformen des Medienkontaktes sind: Presse-Hintergrundgespräche, Journalisten-Workshops, Pressekonferenzen, Redaktionsbesuche, Journalisten-Reisen.

Durchführung:

- *Presse-Hintergrundgespräch - Die IR-Verantwortlichen im Unternehmen bauen zu wichtigen Wirtschaftsmedien und zu Wirtschaftsredakteuren im regionalen Umfeld eine stabile Beziehung auf, indem pro Jahr einige Male zu einem Gesprächskreis eingeladen wird. Hier präsentieren die Manager des Unternehmens in informeller Atmosphäre die Entwicklungen des Unternehmens. Aufhänger kann beispielsweise ein interessanter Fachvortrag sein.*

- *Journalisten-Workshops - Bei Unternehmen mit komplexem technologischen Hintergrund bietet die IR-Abteilung an, in Form eines Workshops die Hintergründe von Technologie und Entwicklungs-trends exklusiv vorzustellen. Empfehlenswert ist, solche Veranstaltungen bis zu zwei Mal pro Jahr durchzuführen.*

- *Pressekonferenzen - Die Pressekonferenz ist die offizielle Form des Pressekontaktes. Diese wird organisiert, wenn für das Unternehmen wichtige Daten und Hintergründe an die Öffentlichkeit weiterzugeben sind; Beispiel ist die jährliche Bilanz-Pressekonferenz. Diese Konferenz erfordert intensive Vorbereitung und Ausstattung. Dazu gehört eine tagesaktuelle Pressemitteilung sowie weiteres Hintergrundmaterial, das zusammen in einer Pressemappe arrangiert wird. Organisiert wird diese Veranstaltung an einem zentral liegenden, verkehrstechnisch gut erreichbaren Ort, etwa einem Hotel mit professionellem Bankett-Service. Bei der Terminauswahl ist Sorgfalt geboten. Es ist sicherzustellen, dass nicht zeitgleich eine Konkurrenz-Veranstaltung abläuft. Die IR-Verantwortlichen können bei den Presseclubs der Region oder des Landes Terminpläne anfordern und die eigene Veranstaltung hier eintragen lassen. Ein weiterer wichtiger Terminplan, der in diesem Zusammenhang geführt wird, ist der des DIHT (Deutscher Industrie- und Handelstag). Auch den sollte sich jeder Veranstalter im Vorfeld besorgen.*

- *Redaktionsbesuche - Da die deutschen Redaktionen wichtiger Wirtschaftsmedien in weit auseinanderliegenden Städten angesiedelt sind, sollte der IR-Manager seine Kontakte hierhin möglichst bündeln und seine Termine für Redaktionsbesuche zu mehrtägigen Redaktionsreisen nach Hamburg, Berlin, Frankfurt und München arrangieren.*

- *Journalisten-Reisen - Erwähnt sei auch die Möglichkeit der Journalisten-Reisen. Verfügt das Unternehmen beispielsweise über Standorte im Ausland, die attraktive Projekte betreuen, kann es interessant sein, eine Auswahl von Journalisten dorthin einzuladen und vor Ort zu betreuen.*

DIALOG-SYSTEME (I):
Konsens-Management (G) - Analysten-Präsentation

Aufgabe:

Die wichtigsten Meinungsmultiplikatoren der Financial Community - die Analysten - sind einmal pro Jahr anlässlich der Veröffentlichung der Jahresbilanz über die Details der Geschäftsentwicklung zu informieren.

Konzept:

Parallel zur Bilanz-Pressekonferenz ist ein Analystentreffen zu organisieren, zu dem Analysten und Investoren eingeladen werden.

Durchführung:

Branchenanalysten der Research-Abteilungen der Banken und von Brokern können vom Unternehmen direkt angesprochen werden. Es bietet sich an, sich bei der Organisation und Einladung von der Deutschen Vereinigung für Finanzanalyse und Anlageberatung e.V. - der DVFA - unterstützen zu lassen. Mitglieder der DVFA sind Analysten, Investoren und Anlageberater. Bei einer Einladung kann die DVFA auf einen Verteiler mit ca. 1.000 Vertretern dieser Zielgruppe zurückgreifen.

DIALOG-SYSTEME (I): Konsens-Management (G) - One-to-One-Meetings

Aufgabe:

Das persönlichen Gespräch mit Meinungsmultiplikatoren wird gezielt genutzt, um Detailsachverhalte und Hintergründe des Unternehmens zu präsentieren.

Konzept:

Der IR-Manager arrangiert regelmäßig One-to-One-Gespräche mit Analysten oder Fondsmangern, um deren Fragen zu beantworten. Diese Meetings sind besonders sorgfältig vor- und nachzubereiten.

Durchführung:

Es ist sinnvoll, dass der IR-Manager die Gesprächspartner vor dem Termin um die Übermittlung einer Liste mit wichtigen Fragen und Themen bittet. Für das Gespräch, das in der Regel ein bis anderthalb Stunden dauert, kann dadurch die bestehende Unternehmens-Präsentation »maßgeschneidert« werden - an bestimmten Stellen gekürzt und an anderen ergänzt werden. Nach einer kurz gehaltenen Vorstellung der Präsentations-Charts dient das Meeting vor allem der Beantwortung der Fragen des Analysten oder Fondsmanagers.

Am Ende des Gesprächs übergibt der IR-Manager eine Informations-Mappe mit einem Ausdruck der Präsentation, weiteren Hintergrundmaterialien wie Broschüren, Geschäftsbericht, Pressemitteilungen, Sammlung aktueller Presseberichte über das Unternehmen. Nach dem Gespräch zeichnet der IR-Manager den Gang des Gesprächs in Form eines Besprechungsberichts auf. Eventuell während des Gesprächs aufgetretene offene Fragen werden schnellstmöglich geklärt und entsprechende Antworten an den Gesprächspartner weitergeleitet.

DIALOG-SYSTEME (I): Konsens-Management (G) - Road-Shows

Aufgabe:

Die Pflege der Investoren erfordert regelmäßig gut vorbereitete Gespräche vor Ort in wichtigen internationalen Finanzzentren.

Konzept:

Während einer dazu organisierten Roadshow präsentiert der Vorstand das Unternehmen an den verschiedenen Orten über mehrere Tage hinweg vor vorausgewählten institutionellen Investoren im In- und Ausland. Der Umfang der Roadshow und die Road-Planung hängt von der angestrebten Investorenstruktur ab. Um die wichtigsten Investoren zu erreichen, gehören Termine in den größeren Finanzmetropolen wie Frankfurt, London, Edinburgh, Paris, Zürich, New York und Boston zur ersten Wahl.

Durchführung:

Die Roadshows werden von den betreuenden Banken organisiert. Sie identifizieren bereits im Vorfeld die passenden Interessenten und stellen entsprechend das Reise-Programm zusammen. Die Präsentation des Unternehmens wird durch den Vorstand vorgenommen, da die meisten institutionellen Investoren darauf bestehen, das Management persönlich kennenzulernen, bevor sie ihr Kapital investieren. Eine Roadshow ist für die Präsentierenden mit hohem psychischen und physischen Stress verbunden: Häufig sind täglich vier bis sechs Meetings hintereinander in unterschiedlichen Städten zu absolvieren.

DIALOG-SYSTEME (I):
Auf- und Ausbau Netzwerke (I) - Internal Relations

Aufgabe:

Der Erfolg einer AG basiert auf der internen Organisation des Unternehmens und auf den hier ablaufenden Handlungs-Prozessen. Im Rahmen von Investor Relations sind deshalb die Mitarbeiter für die Vorgänge an der Börse zu interessieren und für die Erwartungen der Shareholder an das Unternehmen zu sensibilisieren.

Konzept:

Im Rahmen der im Unternehmen ablaufenden Internal Relations-Maßnahmen sollte das »Doppelleben« des Unternehmens - Unternehmen als Arbeitsplatz und Unternehmen als Anlageobjekt - ein wichtiges und lebendiges Thema sein.

Durchführung:

Die Mitarbeiter werden motiviert, sich mit dem Börsenthema zu beschäftigen. So werden sie in ein Friends-and-Family-Programm (Aktien-Pakete für Mitarbeiter und Geschäftsfreunde) eingebunden und laufend mit allen Informationen zu den Investor Relations des Unternehmens versorgt.

DIALOG-SYSTEME (I):
Auf- und Ausbau Netzwerke (I) - Human Relations

Aufgabe:

Mit dem Gang an die Börse erhält das Unternehmen nicht nur einen höheren wirtschaftlichen Status, sondern auch einen höheren sozialen Status. Dieser gewonnenen höheren gesellschaftlichen Verantwortung zum Beispiel für das Umfeld des Unternehmens muss das Unternehmen laufend gerecht werden.

Konzept:

Das Unternehmen engagiert sich zunehmend auch in öffentlichen Netzwerken, die mit der Pflege z. B. von Kultur, Sport, Bildung oder sozialen Herausforderungen zu tun haben.

Durchführung:

Das Unternehmen kann dieser gesteigerten Verantwortung beispielsweise durch die Nutzung von Sponsoring-Maßnahmen in diesen Bereichen nachkommen.

DIALOG-SYSTEME (I):
Auf- und Ausbau Netzwerke (I) - Verbands-Arbeit

Aufgabe:

Die Berufs- und Interessengruppen rund um die Börse in Deutschland sind sehr stark in Verbänden und Vereinen organisiert. Die Investor Relations Verantwortlichen haben dies nachzuvollziehen und sich gezielt in Verbänden zu engagieren bzw. zu Verbänden Beziehungen aufzubauen.

Konzept:

Das Unternehmen sollte aktiv die Möglichkeit einer Mitgliedschaft nutzen, um Investor Relations-Erfahrungen anderer Unternehmen kennenzulernen und Hintergründe zu diskutieren. Zu den verschiedenen Vereinigungen, in denen die Analysten, Investoren und Kleinanleger organisiert sind, werden gute Beziehungen aufgebaut.

Durchführung:

Beispielsweise bietet sich eine Mitgliedschaft im Deutsche Investor Relations Kreis (DIRK) an, der 1990 als informelle Gesprächsrunde von Investor-Relations-Beauftragten einiger deutscher Großunternehmen entstand. Seit Anfang 1996 ist der DIRK ein eingetragener Verein. Unter den Mitgliedsunternehmen befinden sich fast alle im DAX vertretenen Aktiengesellschaften sowie zahlreiche Mid- und Small-Caps. Auch Unternehmen, die den Gang an die Börse noch vor sich haben, gehören dem DIRK als außerordentliche Mitglieder an. Hauptanliegen des DIRK ist der Erfahrungsaustausch der Mitglieder untereinander mit dem Ziel, die Qualität der Beziehungen der einzelnen Unternehmen zu Investoren im In- und Ausland weiter zu verbessern. Darüber hinaus pflegt der DIRK Kontakte zu Institutionen und Verbänden auf nationaler und internationaler Ebene, die sich mit Investments in und der Analyse von deutschen Aktien befassen. Schließlich informiert der DIRK die breite Öffentlichkeit zum Thema Investor Relations. Vor allem Unternehmen, deren Finanzmarkt-Kommunikation sich erst im Aufbau befindet, können durch Fachvorträge im Rahmen der zweimal jährlich stattfindenden Mitgliederversammlungen, durch aktive Mitarbeit in verschiedenen Arbeitskreisen mit spezifischen Themenschwerpunkten und durch einen permanenten Dialog mit Fachkollegen aus anderen Unternehmen ihren Kenntnisstand rasch erweitern und wertvolle Anregungen erhalten.

DIALOG-SYSTEME (I):
Entwicklung Kommunikations-Standards (I) - 1x1 der Kommunikation

Aufgabe:

Die Ausübung von Investor Relations erfordert hohe Gewissenhaftigkeit und ist im Fall von Fehlern mit hohem Risiko verbunden. Das Unternehmen orientiert sich deshalb konsequent an den in der Financial Community gültigen Wert- und Verhaltens-Standards.

Konzept:

Im Unternehmen werden ebensolche soliden Berufsgrundsätze für Investor Relations-Tätige verankert, wie sie etwa der Deutsche Investor Relations Kreis definiert hat.

Durchführung:

Es wird sichergestellt, dass die mit den Investor Relations betrauten Mitarbeiter diese Grundsätze im einzelnen kennen und sie anzuwenden wissen. Den übrigen Mitarbeitern ist zumindest klar, dass es diese Standards gibt und welcher Absicht damit verfolgt wird.

Die Grundsätze haben folgende Struktur:

- ***Definition der Investor Relations***
- ***Ziele der Investor Relations***

  –*Allgemeine Grundsätze der Investor Relations*

  –*Sachlichkeit und Glaubwürdigkeit*

  –*Kontinuität*

  –*Gleichbehandlung*

- ***Spezielle Grundsätze der Investor Relations***

  – *Keine Weitergabe von Insiderinformationen*

  – *Standards im Umgang mit Investoren und Finanzanalysten*

  – *Kein Ausnutzen von Insiderwissen*

  – *Keine Weitergabe von »Profit Warnings«*

  – *Aktiver Umgang mit Gerüchten*

- ***Pflichten gegenüber dem Arbeitgeber***

  – *Loyalität*

  – *Information und Beratung*

  – *Verschwiegenheit*

  – *Haftung*

- ***Pflichten gegenüber Institutionen***

  – *Auskunftspflicht*

Maßnahmen im Bereich Diskurse (L)

Unintegrierte Kommunikation, fehlende Kommunikations-Identität erschwert es Unternehmen, sich aus ihrem Umfeld abzuheben und setzt sie unprofiliert der Willkür flüchtiger Meinungstrends und öffentlicher Vorurteilen aus.

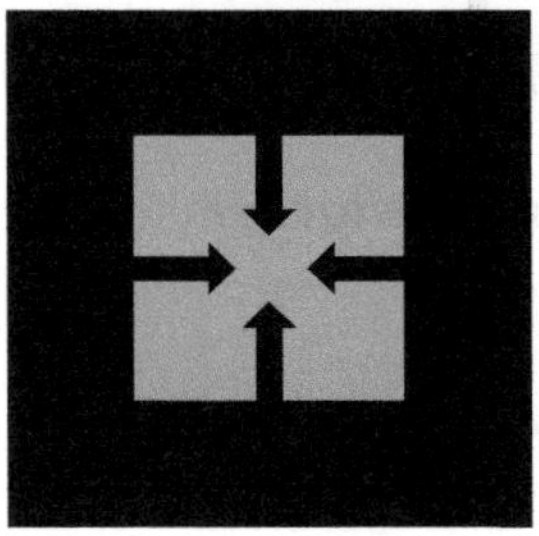

Herausforderung interne Kommunikation und Diskurse

Investor Relations brauchen eine klare Linie, um wirkungsvoll zu sein. Dazu sind Mitarbeiter mit der nötigen Kompetenz und mit einer deutlichen Zielvorgabe auszustatten. Es ist sicherzustellen, dass Visionen keine abstrakte Philosophie bleiben, sondern im gesamten Unternehmen »gelebt« werden können.

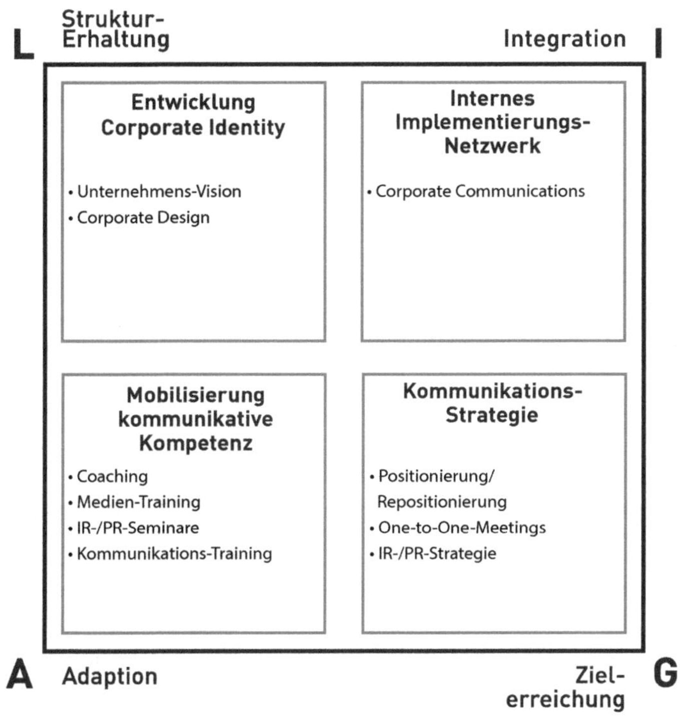

IR-Maßnahmen im Bereich Diskurse (L)

DISKURSE (L):
Mobilisierung kommunikative Kompetenz (A) - Coaching

Aufgabe:

Mitarbeiter, die für sie ungewohnte Kommunikations-Aufgaben im Rahmen der Investor Relations übernehmen müssen, werden in die Lage versetzt, diese Aufgaben möglichst konflikt- und stressfrei zu bewältigen.

Konzept:

Solche Mitarbeiter werden unterstützt, indem ihnen bedarfsweise und individuell ein Coach zur Seite gestellt wird, der Verhaltensweisen kurzfristig optimiert und die Kommunikations-Kompetenzen des Mitarbeiters schult.

Durchführung:

Durch Coaching können insbesondere Führungskräfte ihr Kommunikations-Verhalten wirkungsvoll verbessern, ohne dafür längere Zeit aus ihren Arbeitsroutinen ausscheren zu müssen.

DISKURSE (L):
Mobilisierung kommunikative Kompetenz (A) - Medien-Training

Aufgabe:

Im Rahmen der Investor Relations müssen alle verantwortlichen Mitarbeiter auch unter schwierigen Umständen in der Lage sein, das Unternehmen auf hohem Niveau zu präsentieren.

Konzept:

Insbesondere für Interviews vor den laufenden Kameras der TV-Sender sind der IR-Manager und die Vorstände gezielt vorzubereiten und zu trainieren.

Durchführung:

Systematisch wird das Präsentations-Verhalten vor der Kamera trainiert. Auch Frage-Antwort-Situationen unter realistischen Interviewbedingungen werden vor laufender Kamera eingeübt.

Diese Medientrainings werden von spezialisierten Dienstleistern angeboten.

DISKURSE (L):
Mobilisierung kommunikative Kompetenz (A) - IR-/PR-Seminare

Aufgabe:

Von den Mitarbeitern, die schwerpunktmäßig mit der Tagesarbeit rund um die Investor Relations beschäftigt sind, ist eine solide IR- und PR-Ausbildung zu erwarten.

Konzept:

Sollten die für Investor Relations zuständigen Mitarbeiter noch keine entsprechende Ausbildung haben, können sie im Rahmen des Seminar-Angebots verschiedener Institute und Institutionen weitergebildet werden.

Durchführung:

Informationen über Seminarangebote können bei unter https://droste-workshop.de abgerufen werden.

DISKURSE (L):
Mobilisierung kommunikative Kompetenz (A) - Kommunikations-Training

Aufgabe:

Die für die Investor Relations zuständigen Mitarbeiter benötigen eine über formales Wissen hinausgehende Kommunikations-Ausbildung.

Konzept:

Im Unternehmen erhalten verschiedene Mitarbeiter eine Ausbildung zur Moderation von Diskussions- und Organisations-Prozessen.

Durchführung:

Es gibt in diesem Zusammenhang eine Fülle von Methoden und Ansätzen, die genutzt werden können: Empfehlenswert ist beispielsweise die Themenzentrierte Interaktion (TZI).

DISKURSE (L):
Kommunikations-Strategie (G) - Positionierung/Repositionierung

Aufgabe:

Den Maßnahmen der Investor Relations wird eine für das Unternehmen und seine Rolle in Wirtschaft und Gesellschaft bedeutsame Grundbotschaft vorweggestellt.

Konzept:

Die kommunikative Leitidee hinter allen Investor Relations-Maßnahmen ist auf der einen Seite laufend dem Konzept des Shareholder Values anzugleichen. Auf der anderen Seite hat sie ebenso die Strategie nachzuvollziehen, die im operativen Geschäft verfolgt wird.

Durchführung:

Laufend wird nachvollzogen, inwieweit die für die Kommunikation erarbeitete Positionierung mit den Realitäten im operativen Geschäft einerseits und den Beurteilungen der Financial Community andererseits übereinstimmt. Gegebenenfalls muss diese Positionierung revidiert und eine Repositionierung vorgenommen werden.

DISKURSE (L):
Kommunikations-Strategie (G) - IR-/PR-Strategie

Aufgabe:

Es ist zu verhindern, dass IR- und PR-Maßnahmen ungezielt und nur routinegemäß abgearbeitet werden. Die Arbeit in diesem Feld ist laufend konzeptionell zu strukturieren und zu optimieren.

Konzept:

Parallel zur Unternehmens-Strategie ist eine Strategie für die Unternehmens-Kommunikation zu entwickeln. Hier werden Ziele definiert und Vorgaben gemacht. Mindestens einmal im Jahr wird analysiert, inwieweit die Kommunikations-Strategie umgesetzt wurde und welches Verbesserungs-Potenzial als nächstes auszuschöpfen ist.

Durchführung:

Durch die Arbeit der IR-Verantwortlichen in den verschiedenen Arbeitsfeldern (z.B. Trend-Monitoring im Bereich Informations-Management) verfügt das Unternehmen über die Daten, die nicht nur den Erfolg der IR-Maßnahmen ablesbar machen, sondern auch Ansätze für eine laufende Optimierung erkennen lassen.

DISKURSE (L): Internes Implementierungs-Netzwerk (I) - Corporate Communications

Aufgabe:

Alle Errungenschaften, die sich auf Grund der internen Überlegungen und Festlegungen zu Visionen, Unternehmenswerten, zum Auftritt nach außen ergeben, sind den Mitarbeitern nahezubringen. Diese sind dazu zu motivieren, die Corporate Identity ihres Unternehmens zum festen Bestandteil ihrer täglichen Arbeit zu machen.

Konzept:

Wesentlich ist, dass bei der Entwicklung der Unternehmens-Kultur Mitarbeiter systematisch einbezogen werden. Eine lediglich von Dienstleistern außerhalb des Unternehmens ausgedachte »Kultur« hat kaum Chancen, von den Mitarbeitern verinnerlicht und gegenüber von Zielgruppen glaubwürdig »inszeniert« zu werden. Gleiches gilt für Unternehmens-Leitbilder, die von einem kleinen Kreis von Führungskräften entwickelt wurden, ohne dass die Mitarbeiterschaft Beiträge bei der Entwicklung einbringen konnte.

Durchführung:

Es hängt von der spezifischen Organisations-Struktur eines Unternehmens ab, wie Mitarbeiter aus allen Bereichen des Unternehmens in den Diskursprozess mit einbezogen werden können. Wichtig ist auch, dass die Ergebnisse dieses Prozesses allen Mitarbeitern in leicht verständlicher Form zugänglich gemacht werden. Zum Beispiel beim Thema Corporate Design: Jeder Mitarbeiter hat die wesentlichen Gestaltungsregeln an seinem Arbeitsplatz vorliegen (z.B. als Formatvorlagen in seiner Textverarbeitung).

DISKURSE (L):
Entwicklung Corporate Identity - Unternehmens-Vision

Aufgabe:

Das Unternehmen arbeitet stetig an seinem eigenständigen Bild der Zukunft und seines Wegs zur Wertsteigerung.

Konzept:

Mit dem Gang an die Börse ist die Diskussion und Fortentwicklung der Unternehmens-Identität zu kultivieren und auf ein neues Fundament zu stellen. Der Shareholder Value und das Streben nach Wertsteigerung bekommt einen festen Platz in der Unternehmens-Vision.

Durchführung:

Das Unternehmen bildet unter Hinzuziehung von Mitarbeitern aus allen Unternehmensbereichen eine Arbeitsgruppe, die kontinuierlich an der Entwicklung und Fortentwicklung von Visionen, der Unternehmens-Philosophie arbeitet. Bei Bedarf wird ein professioneller Berater von außerhalb des Unternehmens hinzugezogen, um den Diskussions-Prozess zu steuern und auszuwerten.

DISKURSE (L):
Entwicklung Corporate Identity (L) - Corporate Design

Aufgabe:

Der Auftritt des Unternehmens nach außen - insbesondere gegenüber der Financial Community - ist in jeder Situation einheitlich zu gestalten. Die Selbstdarstellung des Unternehmens ist dabei eigenständig und auf einem hohen Qualitätsniveau zu gestalten.

Konzept:

Durch den Gang an die Börse wird das Unternehmen mit wesentlich erhöhten Erwartungen in Bezug auf die Professionalität seines äußeren Auftritts konfrontiert.

Durchführung:

In der Regel muss ein mittelständisches Unternehmen im Rahmen eines Börsengangs sein Corporate Design - wenn es bis zu diesem Zeitpunkt so etwas überhaupt gepflegt hat - überarbeiten und auf das Niveau anderer AGs bringen. Erfahrungsgemäß mangelt es an für die anstehenden Veröffentlichungszwecke notwendigen Druckvorlagen. Es fehlen eindeutige und funktionale Gestaltungsrichtlinien häufig schon für die Produktion der Geschäftspapiere (Briefpapiere, Visitenkarten, Adressaufkleber, Umschläge, Formulare, Präsentationsfolien usw.). Auch gibt es in der Regel keine Konzepte für die Unternehmens-gerechte Gestaltung von Werbemitteln und im besonderen für Anzeigen, etwa Finanzanzeigen.

Im Auge zu behalten ist, dass dem Unternehmen als Resultat einer Corporate Design-Entwicklung am Ende leicht handhabbare digitalisierte Vorlagen von allen wesentlichen Gestaltungselementen (Logos, Schriften, Definition der Farben, Abbildungen usw.) und von allen wichtigen Dokumenten vorliegen. Schließlich müssen die erarbeiteten Vorlagen später an Druckereien, Verlage usw. weitergegeben werden können.

Investor Relations - ein Muss mit manchem Zusatznutzen

Gehen wir davon aus, dass die kontinuierlichen Investor Relations in einem Unternehmen Wirklichkeit wurden. Es ist also dafür gesorgt worden, dass der Informations-Austausch mit der Financial Community installiert ist und funktioniert. Eine zielführende Kommunikations-Strategie wurde entwickelt und ein langfristiges Maßnahmen-Programm gestartet. Zu den wichtigen Zielgruppen werden Verbindungen aufgebaut und gepflegt. Die Identität des Unternehmens mit seinen besonderen Visionen und Konzepten für die eigene wirtschaftliche Zukunft ist in der Kommunikation des Unternehmens mit den internen und externen Dialoggruppen allgegenwärtig. - Kurz gesagt, die AG ist als börsennotiertes Unternehmen seiner Pflicht zur Öffnung und laufenden Berichterstattung gegenüber den Anlegern und der Financial Community nachgekommen. Doch ist dadurch nicht auch noch mehr gewonnen als die Erfüllung einer Pflicht? Was ist der Zusatznutzen dieser kontinuierlichen Investor Relations für das Unternehmen?

Investor Relations motivieren Mitarbeiter.

Wer den Börsengang von Unternehmen hautnah miterlebt hat, wird wahrscheinlich in diesem Zusammenhang direkt an die starke motivierende Kraft denken, die durch die neuen Perspektiven als Aktiengesellschaft für das Unternehmen verfügbar werden. Der an jeden Mitarbeiter herangetragene Anspruch, intensiv daran mitzuarbeiten, zukünftig deutlichen Wertzuwachs zu generieren, kann enorm positive Arbeitsanreize geben. Eigenständiges und verantwortliches Handeln wird im Unternehmen zunehmend stärker gewichtet und geschätzt. Die Möglichkeiten für Mitarbeiter, ihre Kompetenzen einzubringen und sich hierbei stärker am Arbeitsplatz zu verwirklichen, können stark wachsen. - Allerdings ist dieser Unternehmens-Nutzen in Form eines Motivations-Schubs kaum direkt messbar und mag in der Diskussion einen »Zahlen«-fokussierten, Kommunikations-fernen Betriebswirten nicht unbedingt überzeugen. Sammeln wir deshalb weiter konkrete Nutzen-Argumente:

Investor Relations reduzieren Eigenkapitalkosten.

Investor Relations dienen offensichtlich der Reduktion von Eigenkapitalkosten. Denn die Eigenkapitalkosten einer Aktiengesellschaft stehen in enger Verbindung mit dem Börsenkurs des Unternehmens. Die Eigenkapitalkosten sind offenbar umso geringer, je höher der Aktienkurs ist. Denn, wenn das Unternehmen etwa neues Kapital durch die Ausgabe junger Aktien an der Börse beschafft, orientiert sich der Preis der jungen Aktien an dem der alten, und je höher der Preis der Aktien bei dieser Kapitalerhöhung ist, desto größer ist der Erlös, über den das Unternehmen schließlich verfügen kann.

Deshalb ist es für eine Aktiengesellschaft wichtig, ihre Aktie möglichst eindeutig zu positionieren und Vertrauen bei den Investoren zu erlangen. Nur so kann das Ziel verfolgt werden, eine möglichst hohe Bewertung der Aktie zu erzielen.

Daraus könnte abgeleitet werden, dass der Kurs eines Unternehmens eigentlich nie zu hoch sein kann. Dieser Sicht wird von Fachleuten widersprochen.

Zwar ist klar, dass ein zu niedriger Kurs mit Blick auf die negativen Wirkungen auf die Eigenkapitalkosten ungünstig ist. Eine ausgesprochene Überbewertung ist allerdings ebenfalls für das Unternehmen ungünstig, denn erfahrungsgemäß sind künstlich hochgehaltene Kurse langfristig nicht haltbar. Früher oder später tritt ein Kursrückgang ein, der zunächst die bisherigen Aktionäre finanziell trifft, und natürlich das Interesse für junge Aktien des Unternehmens empfindlich dämpfen wird. Mit Mitteln der Investor Relations sollte also nur insoweit an dem Ziel der Erreichung eines hohen Börsenkurses gearbeitet werden, als dieser durch eine objektive Bewertung des Unternehmens und seiner Leistungsfähigkeit gerechtfertigt ist.

Wünschenswertes Ziel der IR ist deshalb die Erreichung eines höchsten aber auch langfristig haltbaren Börsenkurses. Die Aktionäre sind zwar an Kurssteigerungen interessiert. Diese sollten sich allerdings vor diesem Hintergrund auf Grund einer gesteigerten Performance und einer verbesserten Ertragslage des Unternehmens entwickeln.

Investor Relations begünstigen einen stabilen Börsenkurs.

Investor Relations bringen weiterhin als Nutzen für die Aktiengesellschaft eine Begrenzung der Wahrscheinlichkeit starker Kurseinbrüche. Grundsätzlich wirken IR durch Vertrauensbildung bei den Investoren bereits in dieser Richtung. Dies kann verstärkt werden durch eine bewusste Unterstützung der breiten Streuung der Aktie bei einem weitgefächerten Publikum. Kursstürze als Resultate des Abstoßens großer Aktienpakete von Großaktionären kann so in gewissem Maß vorgebeugt werden.

Breitgestreutes Aktienkapital kann auch verhindern, dass Großaktionäre ihren Einfluss bei der Gestaltung der Geschäftspolitik des Unternehmens über Gebühr ausüben können oder sogar Schritte zu einer feindlichen Übernahme unternehmen.

Investor Relations haben Werbewirkung.

Gerade am Beispiel eines Börsengangs lässt sich ein weiterer Nutzen von Investor Relations ablesen. Durch den fortwährenden Gesprächsstoff, den die Aktie der Gesellschaft an der Börse möglicherweise bietet, erreicht das Unternehmen einen weit über den Kreis der »Börsianer« hinausgehenden Bekanntheitsgrad. Dieser Bekanntheitsgrad lässt sich nun ausgiebig für das operative Geschäft des Unternehmens nutzen. Eine mittelständische, erfolgreich an einer Börse agierende AG hat ein wesentlich höheres Renommee als etwa eine vergleichbare GmbH.

Das Unternehmen erreicht so ein Image, das es beispielsweise zum akzeptierten Geschäftspartner von internationalen Großunternehmen machen kann. Auch bei der Akquisition von knappem Fachpersonal hat so ein Unternehmen große Vorteile.

Mit Investor Relations Krisen managen.

Zum Abschluss wollen wir noch kurz auf das wichtige Thema »Unternehmens-Krisen« zu sprechen kommen. Auch mit Blick auf die verschiedenen Krisen, in die ein Unternehmen geraten kann, haben kontinuierliche IR bedeutenden Nutzen - seien dies interne Krisen in der Unternehmens-Organisation, Finanzkrisen durch nicht erreichte Geschäftsergebnisse oder Krisen, die durch Probleme im operativen Geschäft des Unternehmens auftreten.

In diesen Situationen spielt die laufende IR für ein börsennotiertes Unternehmen eine wichtige Rolle. Die im Laufe der Zeit aufgebauten Informations-Kanäle und vertraulichen Netzwerke zu den Finanz-Zielgruppen können nun intensiv genutzt werden, um Krisen-Management zu betreiben, die Situation zu klären und schnell Transparenz herzustellen.

Auf dieses Investor Relations-System aufbauende umfassende Informationskampagnen für Shareholder können auf diese Weise die durch die Krise bewirkten Kurseinbrüche deutlich begrenzen.

Investor Relations in das strategische Gesamtkonzept integrieren.

Diese Liste der Zusatznutzen ließe sich noch wesentlich verlängern. Letztlich liegt es am Unternehmen selbst und an seiner besonderen Markt-Position, welche Aspekte sich hier am stärksten auswirken.

Grundsätzlich lässt sich sagen, dass Kommunikations-Maßnahmen, Public Relations und Investor Relations umso mehr Nutzen bringen, je besser sie in das strategische Gesamtkonzept des Unternehmens eingebettet sind. Wie dies im Detail zu arrangieren ist, muss für den konkreten Fall eines Unternehmens überlegt und konzipiert werden.

Kapitel 8:

Praxisprojekt 2:
Social Media

Im vorhergenden Kapitel haben wir die Nutzung des Strategie-Entwicklungs-Werkzeugs bei den komplexen Public Relations eines börsennotierten Unternehmens durchgespielt, das intensive Interaktionen vor allem mit Investoren also Investor Relations betreiben muss.

Die Herausforderung für Kommunikationsberater liegt in diesem PR-Praxisfeld vor allem in der Komplexität des Gesamt-Maßnahmenpakets und darin, dass die Realisierung vieler der hier vorgestellten Maßnahmen eine hohe Professionalität erfordern - etwa die Entwicklung und Produktion eines Geschäftsberichts oder die Durchführung einer Hauptversammlung.

Das Praxisprojekt, dem wir uns nun zuwenden, ist ebenfalls anspruchsvoll. Hier liegt die Schwierigkeit, bei der sich das AGIL-Tool zu bewähren hat, vor allem darin, dass wir es mit Kommunikations-Mechanismen zu tun bekommen, deren genaue Funktionsweise noch weitgehend unbekannt ist und deshalb erfolgreiche Vorgehensweisen erst noch zu ermitteln sind. Schauen wir uns an, wie diese Problematik mit Hilfe unseres Strategie-Entwicklungs-Werkzeugs bewältigt wird. Damit wenden wir uns dem Feld der Social Media zu:

Social Media sind in aller Munde. Die einen sind begeistert von den digitalen Kommunikations-Kanälen, andere fürchten um die Kommunikations-Kultur und um den Bestand unseres gewohnten Medienangebots.

Lösen wir uns von vorschnellen Werturteilen und beschäftigen wir uns mit folgender Fragestellung:

- *Welchen Einfluss haben Social Media tatsächlich auf Meinungsbildungsprozesse?*
- *Welche Risiken und welche Chancen bieten sie uns in Zukunft?*

Zu diesen Fragen gab es bisher keine schlüssigen Antworten.

Einen guten Eindruck davon, wie Social Media wirken, welche Faktoren sie voraussetzen und welche Auswirkungen sie auf Massenkommunikation haben, zeigt eine Studie, die ein Team von Kommunikationswissenschaftlern an der University of Washington vorgelegt hat. Im Rahmen des PITTPI (»Project on Information Technology and Political Islam«) haben sie detailreich die Rolle der Social Media während des arabischen Frühlings untersucht.(1)

Social Media-Strategien: Was lernen wir aus dem arabischen Frühling?

Bisher war das, was über die Rolle der Social Media im arabischen Frühling diskutiert wurde, verkürzt und spekulativ. Die Wissenschaftler und Autoren der Washingtoner Studie waren bestrebt, hier Abhilfe zu schaffen. Dabei konzentrierten sie sich auf die Vorgänge in Tunesien und Ägypten. Für diese beiden Länder standen ihnen die umfassenden Daten und Fakten zur Verfügung, die notwendig sind, um grundlegend Licht auf die Wirkweisen der Social Media im arabischen Frühling zu werfen.

Den Forschern gelang eine »Kartierung« - ein Mapping - mit Blick auf die wichtigsten politisch aktiven Websites in Tunesien und Ägypten. Sie konnten für die Periode vor den Umwälzungen, für die Periode während der Revolution und für die Monate danach die Diskussionen in den betreffenden Blogosphären nachzeichnen.

Sie analysierten Millionen von Tweets mit Blick auf verwendete Schlüsselbegriffe. Parallel konnten sie nachvollziehen, wie viele Tausend Internetnutzer außerhalb von Tunesien und Ägypten - in der arabischen Nachbar-Welt, aber auch weit darüber hinaus - die Vorgänge in beiden Ländern mit Hilfe von Social Media verfolgten und kommentierten.

Wir werden uns hier die Ergebnisse der Studie ansehen, um folgende Fragen zu beantworten:

- *Welche Wirkungen hatten Social Media im Frühjahr 2011 auf Meinungsbildungsprozesse?*
- *Wie ist die Wirkung dieser Medien im Einzelnen einzuschätzen?*

- *Welche Meinungsbildungsfunktionen haben jeweils Videoportale wie Youtube, Mikroblogs wie Twitter, Online-Communities wie Facebook und Weblogs?*
- *Wie ergänzen sich die Wirkungen dieser Social Media zu einem Gesamtresultat?*
- *Was können Gestalter von Kommunikations-Maßnahmen und Kommunikations-Berater aus den Antworten auf diese Fragen lernen?*

Wir starten unmittelbar damit, diese Fragen zu beantworten, indem wir die Resultate der Studie »Opening Closed Regimes« (»Öffnung geschlossener Regime«) skizzieren.

Nach der Zusammenfassung der Ergebnisse verfügen wir über ein Wirkungsmodell der Social Media, das als praktisches Instrument der Entwicklung wirkungsvoller Kommunikations-Maßnahmen dienen kann.

Ohne Social Media-Nutzung kein arabischer Frühling: Zusammenfassung der Studienergebnisse

Auf den Punkt gebracht, kann die vorliegende Studie mittels fundierter Nachweise zeigen, dass die sozialen Medien eine entscheidende Rolle im arabischen Frühling spielten.

Differenziert betrachtet gibt es drei Hauptergebnisse:

1. *Social Media spielten eine zentrale Rolle bei der Gestaltung politischer Debatten und deren Dynamik im arabischen Frühling.*
2. *Gesteigerten politischen Aktivitäten in der Öffentlichkeit und Auseinandersetzungen in den Straßen ging nachweislich gesteigerte Intensität der Online-Diskussionen voraus.*

3. *Soziale Medien halfen, demokratische Ideen über internationale Grenzen hinweg zu verbreiten.*

Wir schauen uns diese Ergebnisse genauer an und starten damit, uns die Ausgangssituation des arabischen Frühlings zu vergegenwärtigen.

Ausgangs-Szenario: Demokratie-Bewegungen in Nordafrika und im Mittleren Osten

Oppositionelle Demokratie-Bewegungen existierten in Nordafrika und im Mittleren Osten, lange bevor Technologien wie das Mobiltelefon, das Internet oder Social Media in diese Region kamen.

In den Jahren, als sich diese Technologien Zug um Zug ausbreiteten, etablierten sich auch online oppositionelle Gruppen, die regelmäßigen virtuellen Gedankenaustausch aufrechterhielten.

Zum Zeitpunkt des arabischen Frühlings waren Mobiltelefone sowohl in -Tunesien als auch in Ägypten weit verbreitet - umgerechnet 93 Mobiltelefon-Verträge für 100 Personen in Tunesien, in Ägypten lassen sich 67 Mobiltelefone für jeweils 100 Personen errechnen.

Auch das Internet hatte Anfang 2011 konzentriert in den großen Städten eine bedeutende Reichweite.

Schauen wir auf die Zahlen der jeweiligen Gesamtbevölkerung:

Ungefähr 25 Prozent der Bevölkerung in Tunesien und 10 Prozent der Bevölkerung in Ägypten hatten das Internet bis zu diesem Zeitpunkt wenigstens ein einziges Mal in ihrem Leben benutzt.

Die herausragende Bedeutung der neuen Technologie für die politische Information der Bevölkerung hatten die diktatorischen Regierungen unabsichtlich selber forciert:

- *Die Regierungen in beiden Ländern übten eine rigide Medienzensur aus.*
- *Individuen wichen deshalb auf Online-Kanäle aus, die infolgedessen den Status besonders vertrauenswürdiger Quellen für politische und gesellschaftliche Information bekamen.*

Dadurch allein wurde die erstarrte politische Situation der nordafrikanischen Länder allerdings nicht verändert. Die Studie »Opening Closed Regimes« zieht mit Blick auf das Ausgangs-Szenario in den diktatorisch regierten arabischen Ländern folgendes Fazit:

- *Die Regierungen Tunesiens und Ägyptens hatten langjährig demokratisch orientierte politische Gegner.*
- *Es gab allerdings keine geeinte Opposition - politische Kräfte waren aufgrund staatlichen Drucks in voneinander getrennte oppositionelle Gruppen fragmentiert.*

Aktivisten des arabischen Frühlings: Junge, technikaffine Menschen - Frauen und Männer gemeinsam

Die vorliegende Studie vollzieht im Einzelnen nach, wie bürgerliche Kräfte im Frühjahr 2011 Social Media nutzten, um die beschriebenen fragmentierten Beziehungen der vielfältigen Systemgegner-Gruppen zu überbrücken.

Demografische Schlüsselgruppen dieses Prozesses waren junge, gut ausgebildete, zu einem großen Anteil weibliche Stadtmenschen.

Sowohl vor, als auch während der Revolution nutzten diese Menschen Facebook, Twitter, und YouTube, um gemeinsame Ziele zu identifizieren, um sich zu solidarisieren und um gemeinsame Aktionen von großer Geschwindigkeit, Stärke und Durchsetzungskraft zu organisieren.

Ein Grund dafür, warum Technologie für die Befürworter der Demokratie sowohl in Ägypten als auch in Tunesien ein effektives Werkzeug werden konnte, ist die Tatsache, dass beide Länder über eine junge und technisch versierte Bevölkerung verfügen:

- *In Tunesien liegt das Durchschnittsalter 2011 bei 30 Jahren - annähernd 23 Prozent der 10 Millionen-köpfigen Gesamtbevölkerung ist jünger als 14 Jahre.*
- *In Ägypten liegt das Durchschnittsalter bei 24 Jahren, 33 Prozent der 83 Millionen Ägypter ist unter 14 Jahre alt.*

Unter den regelmäßigen Nutzern des Internets bilden in beiden Ländern junge Leute die Mehrheit: 66 Prozent der Internet-erfahrenen Bevölkerung in Tunesien und 70 Prozent in Ägypten sind jeweils jünger als 34 Jahre.

Technik-Verständnis und Bereitschaft zur Nutzung von Social Media begünstigte nicht allein die Teilnahme junger Menschen an den aktuellen politischen Vorgängen. Sie förderte ebenfalls die Beteiligung von Frauen an politischen Diskussionen. 41 Prozent der tunesischen Facebook-Nutzer sind weiblichen Geschlechts - im Fall Ägyptens sind es 36 Prozent. Auch über Twitter beteiligten sich Frauen aktiv an den politischen Diskussionen und waren zahlreich bei den politischen Aktionen auf den Straßen präsent.

Doch wie verhielten sich die traditionell meinungsgestaltenden Personen und Institutionen während des arabischen Frühlings? Welche Rolle spielten also die Medienvertreter und die politischen Parteien?

Die kritischste Berichterstattung etwa zu Übergriffen der jeweiligen Regierung kam nicht von Journalisten aus Redaktionen - es waren stattdessen durchschnittliche Bürger, die ihren Zugang zum Internet mutig und kreativ bloggend nutzten.

Die Studie belegt nicht nur, dass Journalisten wenig daran beteiligt waren, durch kritische Berichterstattung die Umwälzungen im Frühjahr voranzutreiben. Auch die oppositionellen politischen Kräfte, politische Parteien usw. spielten keine größere Rolle dabei, die Prozesse an vorderster Front zu beschleunigen.

Die großen Oppositionsparteien und deren politische Führer kamen in der Berichterstattung über die Umwälzungen wesentlich weniger zu Wort, als Internetaktivisten, die Freiheitsthemen und die Aussichten der Revolution offensiv öffentlich diskutierten.

Statt der von politischen Experten erwarteten oppositionellen, religiösen und politischen Führer war es ein Netzwerk freiheitlich gesonnener, friedvoller Bürger aus der Mittelschicht, die sich beherzt und wirkungsvoll gegen die Tyrannen Ben Ali und Mubarak stellten und auf den Straßen präsent waren.

Wie groß war der Anteil der Technologie?

Soziale Bewegungen sind traditionell definiert als Initiativen von Gruppen, die sich auf geteilte Zielvorstellungen und Interessen berufen und sich auf die Solidarität größerer Bevölkerungskreise sowie auf stabile Interaktionen und Beziehungen zwischen Eliten, Systemgegnern, Mitläufern usw. stützen können.

Dieses Prinzip wurde durch Social Media und Netzwerk-Technologien während des arabischen Frühlings nicht verändert. Soziale Bewegungen basieren auf den Emanzipations-Wünschen der Bevölkerung - es geht unter anderem um bürgerliche Freiheiten, um ökonomische Chancen und um die Möglichkeit, an politischen Entscheidungen maßgeblich teilzuhaben.

Technologien allein verursachten nicht das politische Aufbegehren in Nordafrika. Das könnte niemand behaupten. Allerdings hatten Informations-Technologien - Handys und das Internet - die Wirkung, die Bürger zu unterstützen, Freiheits-Aktivisten zu werden und gegen das tyrannische Regime vorzugehen.

Ob jeweils Online-Diskussionen die Proteste auf der Straße bewirkten oder umgekehrt die Anwesenheit von Menschenmassen in den Straßen gesteigerte Online-Tätigkeiten auslöste, ist schwierig zu beurteilen. Grundsätzlich deuten die in der Studie vorgelegten Ergebnisse darauf hin, dass die online geführten Diskurse wesentlicher Baustein der Revolutionen waren, die am Ende zum Ablösen der Regierungen in Tunesien und Ägypten führten. Denn nachweislich waren den Massenprotesten auf den Straßen online geführte, gesteigerte Diskussionen über Themen wie »Freiheit«, »Demokratie« und »Revolution« auf Blogs und Mikroblogs zeitlich unmittelbar vorausgegangen.

Die Autoren der Studie deuten die Rolle der Informationstechnik folgendermaßen:

Technologien und Social Media haben den Menschen, die sich für das Ende von Diktatur und für Demokratie engagierten, die Möglichkeit gegeben, umfassend Netzwerke zu bilden, »soziales Momentum« aufzubauen und die entscheidenden politischen Aktionen zu organisieren. Technologie hat an sich nicht die Kraft, den Wunsch nach demokratischer Freiheit »herzustellen« - es zeigte sich aber als ein wichtiges Werkzeug, welches an Demokratie interessierte Personen zu ihrem Vorteil nutzten.

Fassen wir zusammen:

- *Social Media bieten sozialen Bewegungen neue Möglichkeiten und Werkzeuge, auf ihre Lebensverhältnisse zu reagieren. Unabhängig von meinungsführenden Eliten und Massenmedien können interessierte Bürger Inhalte selber produzieren und gezielt Informationen abrufen. Öffentliches Denken und Diskutieren, das Teilen neuer Meinungen oder veränderter Werthaltungen kann sich auf diese Weise schnell und wirkungsvoll ausbreiten.*

Auslöser der Ereignisse des Frühjahrs: Trigger- und Verstärker-Effekte

Wir haben in den zurückliegenden Abschnitten bereits eine ganze Reihe -bedingender Faktoren der Umwälzungen in Tunesien und Ägypten betrachtet. Listen wir diese kurz auf, bevor wir uns gleich den »akuten« Auslösern der Ereignisse zuwenden:

- *Individuen, die motiviert sind, sich in oppositionellen Gruppen zu engagieren **(individueller Faktor 1)***
- *Oppositionelle Gruppen, die diesen politisch engagierten Individuen ein sicheres Netzwerk mit festen persönlichen Bindungen bieten **(struktureller Faktor 1)***
- *Junge, technikaffine, mobile Individuen, die motiviert sind, sich in virtuellen Gruppen und in losen Beziehungs-Netzwerken zu engagieren **(individueller Faktor 2)***
- *Technologische Infrastruktur mit in den Städten ausgebauten Internetzugängen und weit verbreiteten Mobiltelefonen **(struktureller Faktor 2)***

Die Umwälzungen im Frühjahr des Jahres 2011 hätte es ohne aktuelle Auslöser-Effekte nicht gegeben.

Die arabische Revolution hatte eine Reihe solcher auslösenden Faktoren - zahlreiche dieser »Trigger-Effekte« sind dokumentiert worden.

Ereignisse fungierten als »Trigger« für »aufbrandende« Diskussionen, indem sie für allgemeine moralische Empörung und anschließende politische Aktionen in den Straßen von Tunesien und Ägypten sorgten. Ihnen lag die öffentlichkeitswirksame Inszenierung symbolkräftiger Geschehnisse zugrunde.

Schauen wir uns drei dieser Trigger an:

- *Videos, welche die ausgiebigen Shopping-Touren des tunesischen Präsidenten Zine el-Abidine Ben Ali und seiner Frau in Europa Ende des Jahres 2010 zeigten*

- *die Dokumentation der Selbstverbrennung des jungen Gemüsehändlers Mohamed Bouazizi vor einer Polizeiwache in Tunis*

- *die Berichte über die brutale Ermordung des jungen Ägypters und Bloggers Khaled Said durch Polizeikräfte*

Die Wirkung dieser »Inszenierungen« basierte auf der Verbreitungskraft der Social Media. Sie erreichten emotional enorm aktivierende Wirkung. Sie wurden zu Stoff für Berichte, die in Blogs, auf Facebook, Twitter und YouTube auf eine Weise weitergetragen wurden, die Dissidenten inspirierte, sich zu Protestaktionen zu organisieren und ihre Regierungen zu kritisieren.

Eine andere Art Trigger bestand im autoritären Verhalten der Regime, das ihre Absichten nicht nur verfehlte, sondern gegenteilige Effekte provozierten.

Ein Beispiel aus Ägypten:

Hier versuchte das Regime, der Lage Herr zu werden, indem es die Kommunikations-Netze zeitweise störte.

Durch unterbundene Internetverbindungen sollten die politischen Aktivitäten der Bürger gehemmt werden, der Protestbewegung der Schwung genommen werden. Doch das Vorgehen hatte eine paradoxe, gegenteilige Wirkung.

Als das Internet abends gestört war, konnten sich die Bürger mit Hilfe ihrer Internetzugänge kein Bild mehr davon machen, was vorging. Da sie aber besorgt waren wegen des Schicksals von Angehörigen und Freunden, waren viele bereit, Risiken einzugehen. Sie blieben nicht zu Hause, wie sich das die Machthaber gewünscht hatten. Sie strömten wegen ihrer Unsicherheit auf die Straßen, um zu sehen, was vorging, und waren unversehens aktiver Teil der politischen Ereignisse.

Neben solcher Trigger-Effekte gab es vielfältige verstärkende Effekte, die sich durch die Nutzung des Internets entfalten konnten.

Die von den Autoren der Studie vorgelegten Belege zeigen, dass die Demokratie-Befürworter in Ägypten und Tunesien Social Media nutzten, um sich mit Gesprächspartnern in anderen Ländern zu verbinden und mit ihnen auszutauschen.

Dadurch, dass die arabische Revolution detailreich auf internationalen Internet-Sites und auf Nachrichten-Portalen verfolgt wurde, stellte sich ein deutlicher Feedback-Effekt ein:

In vielen Fällen vermittelte die westliche Berichterstattung den politischen Aktivisten in Tunesien und Ägypten Informationen über die aktuellen -Ereignisse und verbreitete Nachrichten über anhaltende Proteste in ihrer Nähe. Diese internationale Berichterstattung wirkte als laufendes Monitoring der Geschehnisse, das die Beteiligten mit Bestätigungen ihrer Erfolge versorgte. Die politischen Bewegungen wurden dadurch wesentlich unterstützt.

Social Media: Das Wirkungsmodell und Werkzeuge der Gestaltung von Meinungsbildung

Soweit die Zusammenfassung der Studie »Opening Closed Regimes«.

Bevor wir mit der »Tiefen-Auswertung« der Forschungsergebnisse starten, ein paar Worte der Klärung:

Die Autoren der Studie beschäftigen sich in ihrer Rolle als Forscher mit den Kommunikations-Phänomenen des Jahres 2011. Sie betrachten die Vorgänge, analysieren und suchen nach Kausalitäten. Sie sind allerdings nicht wie wir daran interessiert, die Ergebnisse so »weiterzuverwerten«, dass daraus Kommunikations-Strategien und Handlungsanweisungen ableitbar werden. Sie verfolgen ihr Thema als Wissenschaftler mit einem typischen »wissenschaftlichen Approach«. Als Wissenschaftler sind sie an den Details der Welt und ihrer theoretischen Erfassung interessiert. Wissen ist in diesem Sinne der »Endzweck« ihrer Arbeit.

Wir aber machen an dieser Stelle »einen Schnitt« und übernehmen die weitere Ausdeutung der Studienergebnisse »in eigener Regie«, indem wir von hier an einen »soziotechnologischen Approach« anwenden.(2)

Was das heißt?

Für uns ist das Wissen um die Vorgänge im Frühjahr 2011 kein Endzweck. Wir wollen aufgrund neuen Wissens über Kommunikation und Kommunikationsprozesse Wege finden, Dinge - insbesondere Meinungsbildungsprozesse - zu gestalten.

Sagen wir es noch deutlicher:

- *In der Wissenschaft ist bewusst herbeigeführter Wandel - wie der in der Studie betrachtete arabische Frühling - ein Thema mit dem sich Forscher beschäftigen, um Wissen zu erlangen.*

- *Für uns verhält es sich genau umgekehrt: Als Kommunikationsberater und Konzeptioner sind wir Soziotechnologen. Wissenschaftliches Wandlungswissen ist für uns ein Mittel, um Kommunikation in unserem Interesse gezielt herbeizuführen.*

Im Fokus der Aufmerksamkeit von Konzeptionern oder Kommunikations-Beratern steht im Rahmen von möglichst wirkungsvollen Kommunikations-Maßnahmen verwertbares, wissenschaftlich fundiertes Wissen. Es geht dabei vor allem um die spezifischen Mechanismen, die hinter Kommunikationsprozessen stecken.

Das Wissen über Kommunikations-Mechanismen, deren Funktionsweisen, deren Beeinflussbarkeit und Gestaltbarkeit ist die wesentliche Ressource, die Kommunikations-Konzeptioner aus dem Feld empirischer Forschung ableiten wollen. Anknüpfend an dieses Wissen entwickeln sie zukünftig wirkungsvolle Werkzeuge und Maßnahmen-Pakete.

Damit zeichnet sich deutlich die Frage ab, deren Beantwortung uns in diesem Abschnitt beschäftigt:

- *Welche Kommunikations-Mechanismen werden durch den Einsatz von Social Media in Gang gesetzt und*
- *wie können wir diese Mechanismen für die Gestaltung von Kommunikations-Maßnahmen nutzen?*

Beginnen wir zügig mit der Beantwortung:

Die vorliegende Studie hat differenziert betrachtet erbracht, dass Social Media wie Blogs, Facebook, Twitter und Youtube jeweils grundlegend unterschiedliche Wirkungen auf die lokale politische Kommunikation ausgeübt und unterschiedliche Kommunikations-Funktionen erfüllt haben.

Schauen wir uns zunächst das von den Forschern in Washington ermittelte Gesamtbild und die wichtigsten Trends darin an, die im Zusammenhang mit der Wirkung von Social Media standen:

Blogs:

Die "Blogosphären" schafften einen Raum für öffentliche politische Dialoge über die Regime und deren kritikwürdiges Verhalten, etwa über deren Korruptheit. Blogs waren ebenfalls ein Podium für die wirkungsvolle Inszenierung der Botschaft »Das Ende der Diktatur ist gekommen - wir schaffen die Umwälzung jetzt!« Blogs dienten als Plattform für grundsätzliche Diskurse sowie für die Begründung und Legitimation demokratischer Wertvorstellungen.

Facebook:

Facebook funktionierte als zentrale Community für die verschiedenen Gruppen, die ihre Unzufriedenheit artikulieren wollten. Hier fanden Individuen emotionalen Rückhalt; die unterschiedlichen beteiligten Gruppierungen nutzten es als Plattform, um Zusammenhalt zu demonstrieren.

Twitter:

Twitter diente dazu, Berichte über erfolgreiche politische Mobilisierungen innerhalb und außerhalb der Region zu verbreiten. Außerdem war es ein wirkungsvolles Instrument zur Koordination der politischen Aktivitäten in den Städten. Twitter diente zur strategisch-taktischen Abstimmung und zur praktischen Nutzung der Chancen, durch Aktivitäten vor Ort den Wandlungsprozess zu unterstützen.

Youtube:

Während der Proteste fungierte Youtube neben anderen Videoportalen als zentrale Plattform für publizistisch aktive Bürger (»citizen journalists«), um mit Handys und Amateur-Camcordern produzierte Filmberichte über die Revolution zu verbreiten. Diese Amateurfilme füllten die Lücke, welche die Vertreter der Medien hinterließen, die in beiden Ländern nicht willens oder durch die Staatsmacht daran gehindert waren, die revolutionären Geschehnisse öffentlich zu dokumentieren. Youtube war der Kanal der schnellen Vermittlung von relevanten Informationen. Da Filmdokumente häufig aufgrund ihrer Anschaulichkeit keiner Übersetzung bedürfen, beschleunigten sie die internationale Verbreitung dieser Informationen.

Damit verfügen wir ab jetzt über ein einfaches Social Media-Empfehlungs-Modell:

- ***Weblogs*** *(oder funktionale Äquivalente) einsetzten, für* ***begründete und legitimierende Aspekte der Kommunikation*** *von Unternehmen und Institutionen*
- ***Facebook*** *(oder funktionale Äquivalente) einsetzen, um* ***Communities zu bilden****, welche die Loyalität von Individuen zu Produkten, Dienstleistungen usw. unterstützen*
- ***Twitter*** *(oder funktionale Äquivalente) einsetzen, um das* ***Engagement von Individuen herauszufordern*** *und um sie gezielt auf Aktivitäten aufmerksam zu machen*

- ***Ereignisse per Video dukumentieren und per Youtube** verbreiten, um **zügig** die **Aufmerksamkeit von Zielgruppen** zu aktuellen Themen zu erreichen*

Wir schauen uns das Wirkungsmuster hinter den Social Media genauer an, um die ausschlaggebenden Mechanismen in einem Strategie-Modell zu bündeln. Dazu starten wir mit dem Modell der Ausgangslage im arabischen Frühling. Die betroffenen Länder waren durch eine fragmentierte Sozialstruktur geprägt:

Ausgangspunkt fragmentierte Sozialstruktur:
Isolierte Beziehungssysteme mit starker Innenbindung

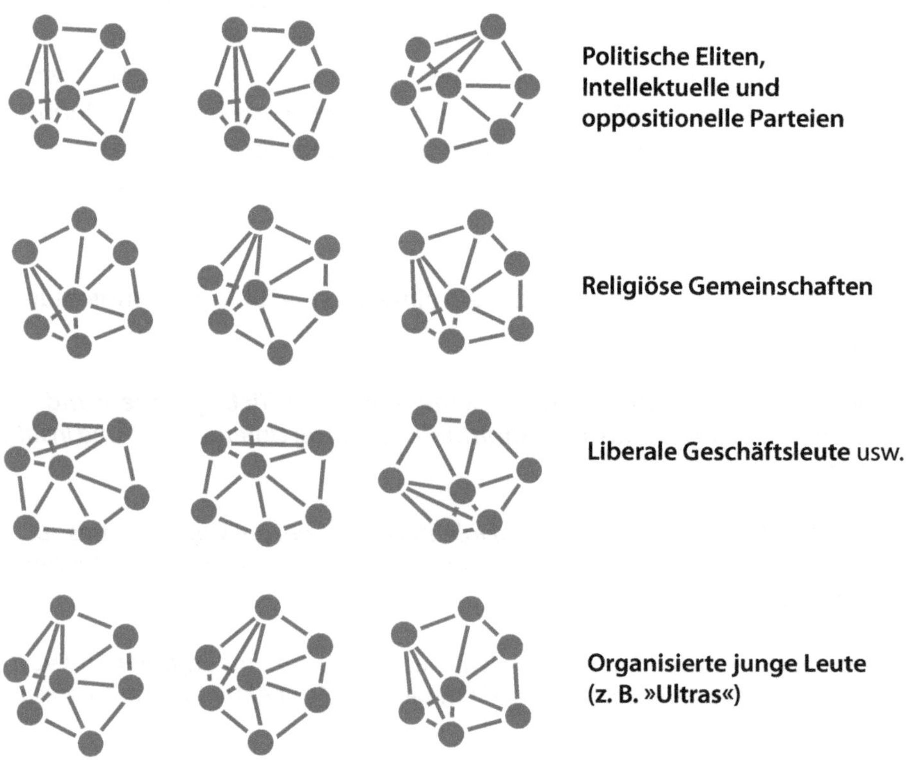

An Demokratisierung interessierte Personengruppen hatten enge Beziehungsnetze aufgebaut, die zum Schutz vor staatlichen Sanktionen nach außen isoliert und intransparent waren. Diese Beziehungen waren stabil und gaben den Individuen Schutz, hatten aber durch Isolierung die Tendenz, sich für einen schnellen Meinungsaustausch gegenüber anderen Gruppen abzukapseln.(3)

Die Wirkung der Social Media während des arabischen Frühlings bestand darin, diese fragmentierte Sozialstruktur zu überbrücken.

Wenn wir diese Vorgänge darstellen wollen, fragen wir nach den Mechanismen, die diese Wirkung erreichten. Der Begriff des Mechanismus ist in der Kommunikationsbranche verbreitet, wird dort synonym mit Begriffen wie »Effekt«, »Wirksamkeit« usw. verwendet. Das ist uns zu ungenau und unspezifisch.

Wir präzisieren den Begriff, indem wir uns auf seine Verwendung in den Sozialwissenschaften beziehen. Dazu ein Blick auf das allgemeine Modell eines »Kommunikations-Mechanismus«: (4)

Allgemeines Modell eines Kommunikations-Mechanismus

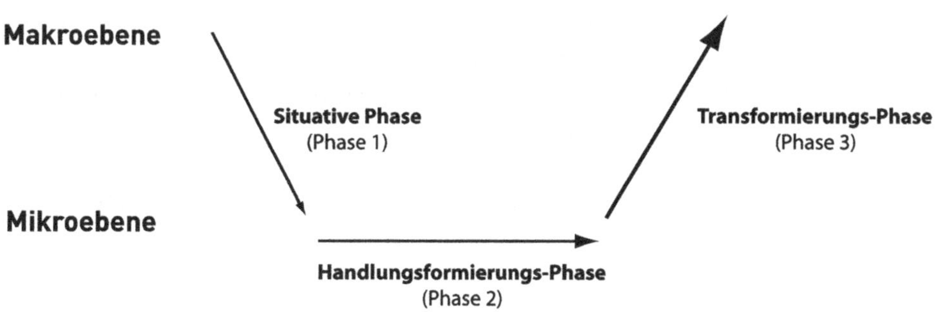

Das Modell des Kommunikations-Mechanismus ist ein Phasen-Modell

In einer ***Phase 1*** beeinflussen Interaktionen auf einer Makroebene - etwa Kommunikationsprozesse in einer Gruppe - Individuen. Diese Phase wird als die »***Situative Phase***« bezeichnet. Abstrakt gesagt: Ein verändertes Kollektivmerkmal wirkt sich auf ein Individualmerkmal aus - die Ausgangssituation für die nun folgenden Reaktionen auf der Ebene der interagierenden Individuen ist hergestellt.

In einer ***Phase 2*** verarbeiten die betroffenen Individuen die Auswirkungen des veränderten Kollektivmerkmals - zum Beispiel eine veränderte Informationslage - und reagieren mit geändertem zielgerichtetem Verhalten. Diese Phase wird als »***Handlungsformierungs-Phase***« bezeichnet.

In einer ***Phase 3*** tritt als Ergebnis des Zusammenwirkens des geänderten individuellen Verhaltens auf der Makroebene ein kausal bewirktes Aggregatmerkmal auf, das bisherige soziale Prozesse und Strukturen verändert, transformiert. Diese Phase wird als »***Transformierungs-Phase***« bezeichnet: Individuelles Verhalten zeigt auf der sozialen Ebene Wirkungen, die von den Akteuren beabsichtigt - intendiert - oder nicht beabsichtigt - nicht-intendiert - sind.

Im Fall des arabischen Frühlings war es nicht so, dass Berichte über ein Ereignis nacheinander automatisch zu individuellen Überlegungen, zu Gesprächen und diese wiederum zu einer veränderten gesellschaftlichen Situation geführt hätten. Die Vorgänge waren wesentlich dramatischer und lassen sich im ersten Schritt durch das Modell des Mechanismus der »sich selbst erfüllenden Prophezeiung« beschreiben.(5)

Mit Hilfe dieses Modells lässt sich ein wesentlicher Wesenzug der arabischen Revolution abbilden:

Die Menschen griffen an einem bestimmten Punkt der Geschehnisse die Botschaft oder anders ausgedrückt die Prophezeiung auf: »Das Ende der Diktatur ist gekommen - wir schaffen die Umwälzung jetzt!«. Diese Prophezeiung führte zu verändertem individuellen Verhalten, zunehmend auch zu verändertem kollektiven Verhalten - bis sich am Ende die Prophezeiung »bewahrheitete« und die Diktatoren abdanken mussten.

Mechanismus der »sich selbst erfüllenden Prophezeiung«

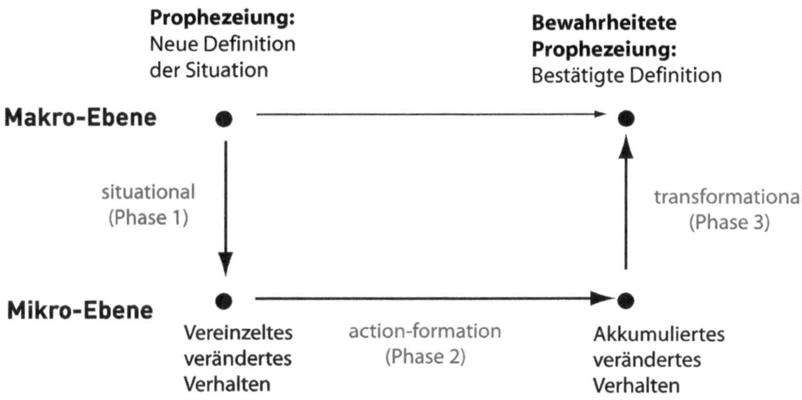

Was in diesem Modell noch fehlt, ist ein weiterer wichtiger sozialer Aspekt. Bis sich die Prophezeiung am Ende bewahrheiten konnte, waren viele Interaktionen in Gruppen und Communities sowie individuelle Reflexionen notwendig, wie es das Kommunikations-Grundmodell auf der gegenüberliegenden Seite illustriert.

Kommunikations-Grundmodell

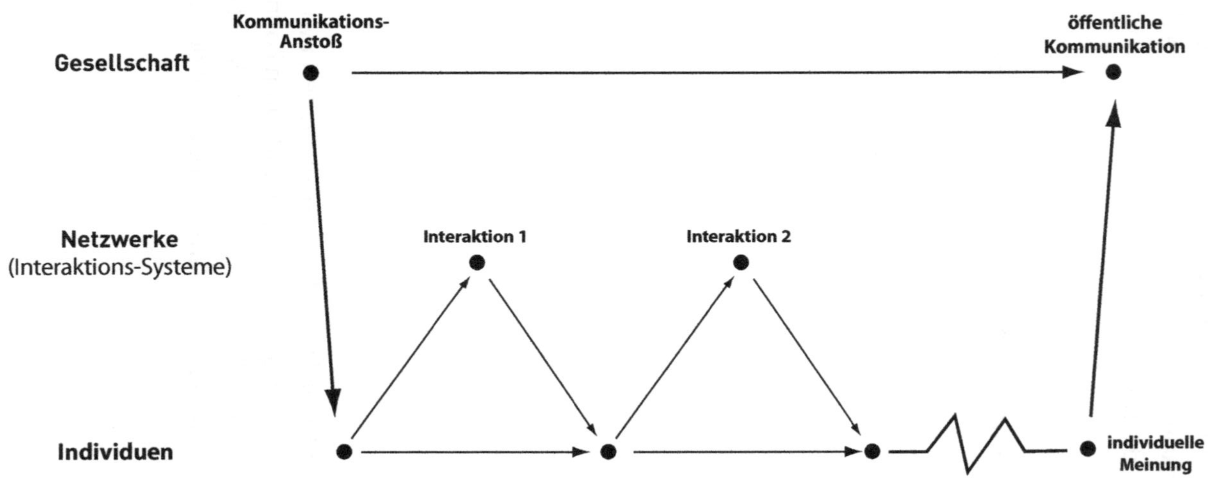

Durchsetzung revolutionärer Initiativen: Makro-, Mikro-, Nano-Kommunikations-Modell

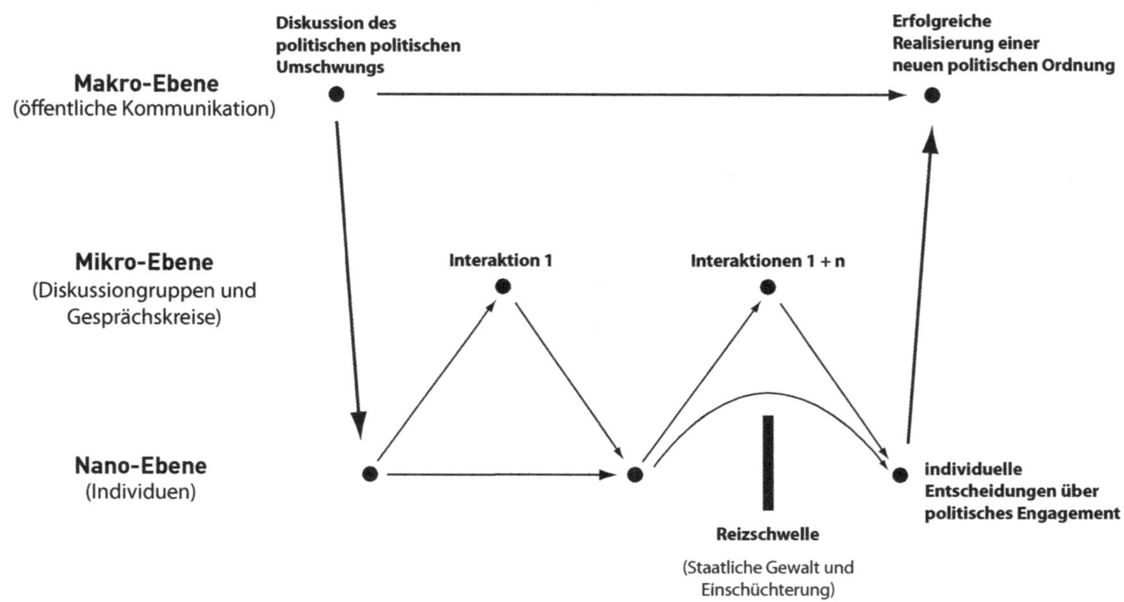

Darüber hinaus ist bei der Modellierung der Kommunikations-Mechanismen während des arabischen Frühlings wichtig zu berücksichtigen, dass der Meinungsbildung von staatlicher Seite massive Gewalt entgegengesetzt wurde. Kommunikationsprozesse konnten sich nicht zwanglos entfalten. Es mussten echte Angst-Reizschwellen und Hürden überwunden werden sowie Interaktionen auf vielen Ebenen in Gruppen und Gesprächskreisen erfolgen (6) - vergleiche die Grafik »Durchsetzung revolutionärer Initiativen« auf der übernächsten Seite.

Hierbei spielten die Nutzer der Social Media eine wichtige Rolle. Sie griffen wie beschrieben Trigger-Ereignisse auf und nutzten die ausgelöste moralische Empörung, um die Botschaft von der baldigen politischen Umwälzung immer »lauter« zu artikulieren. Online-Diskussionen und Aktivitäten in den Straßen und den Plätzen nahmen dergestalt zu, dass sie mittels folgender »Umwälzungs-S-Kurve« dargestellt werden können:(7)

Umwälzungs-S-Kurve:
Der Emergenzeffekt bei der Verbreitung von Veränderungs-Initiativen

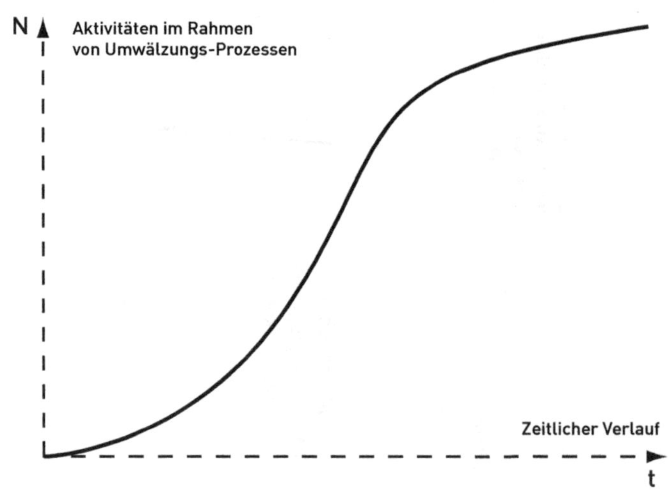

Am Anfang der Kurve steht jeweils das Aufgreifen von »triggernden« Themen, und am Ende erfolgte in Tunesien und in Ägypten jeweils die Abdankung des Tyrannen. Die Studie »Opening Closed Regimes« arbeitet mit grafischen Auswertungen der beobachteten Blog- und Twitter-Aktivitäten, die diesen Kurvenverlauf für mehrere aufeinander folgende Phasen der Ereignisse des Frühjahrs 2011 entsprechend wiedergeben.

Diese Kurve ist offenbar das Ergebnis von Meinungsbildungsprozessen auf verschiedenen Ebenen:(8)

- *Individuen bewerteten Informationen, ihre Diskussionen, Beobachtungen usw. In Gruppen wurden die laufenden Vorgänge diskutiert.*
- *Die Vorgänge wurden in internationalen Medien verfolgt, wobei deren Berichterstattung verstärkend auf die Geschehnisse in Arabien zurückwirkten.*
- *Nutzer von Social Media sorgten für kontinuierlichen Dialog, Communities boten sich als Austausch-Plattformen an, sorgten für einen kontinuierlichen Strom an Informationen und forderten zur Beteiligung an Aktionen vor Ort auf.*

Der »Unterbau« der Umwälzungs-S-Kurve sieht also folgendermaßen aus:

Umwälzungs-S-Kurve: Diffusionsprozess und korrespondierende Interaktionsprozesse

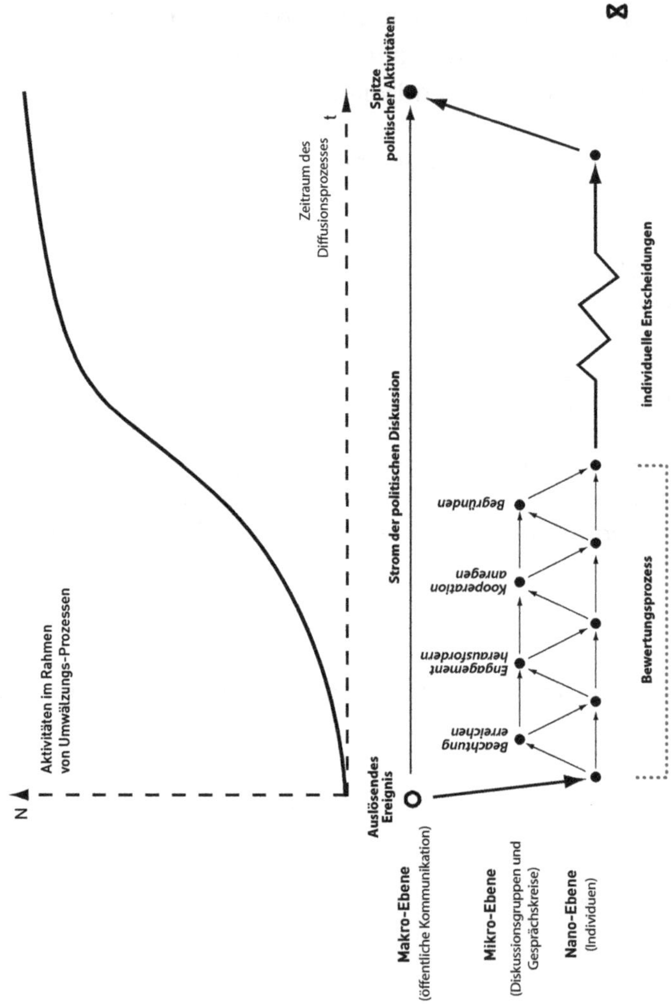

In diesen Umwälzungs-Phasen war es vermittelt durch die Aktivitäten der Social Media-Nutzer gelungen, die Fragmentierung der Sozialstruktur und die Trennung in isolierte Beziehungssysteme durch ein flexibles Beziehungsnetz zu überbrücken. Dazu kamen die Rückkopplungs-Phänomene aufgrund der Berichterstattung in internationalen Medien sowie im weltweiten Internet.

Damit war die Basis gelegt für den massiven Widerstand, den oppositionelle Kräfte im Frühjahr den bisherigen Machthabern entgegensetzten.

Brückenfunktion der Social Media:
Überbrückung der Innenbindung fragmentierter Beziehungssysteme

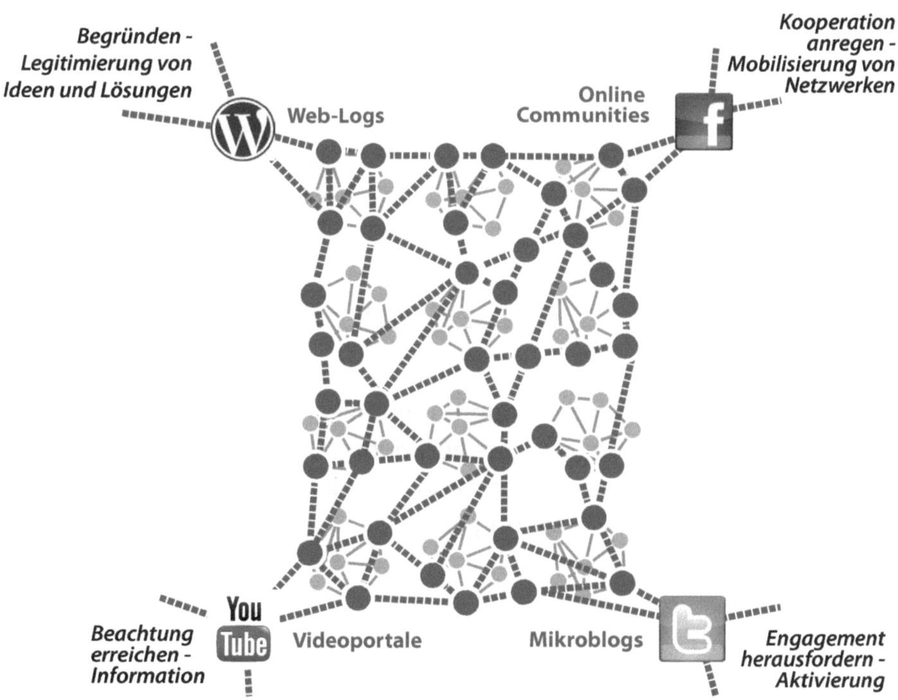

Fassen wir die Ergebnisse zusammen, haben wir ein übersichtliches Strategie-Chart für die Planung von Social Media-Maßnahmen vor uns:

»Strategie-Chart« Social Media

Es sind offenbar vier grundlegende Kommunikations-Funktionen abzudecken, um Meinungsbildungsprozesse zu steuern. Die notwendige Funktionserfüllung erfordert die Nutzung passender Social Media-Kanäle und deren adäquater inhaltlicher Ausgestaltung.(9)

»Energetische Grundlage« menschlicher Kommunikation

Bedürfnis nach Sinn	**Welchen Sinn finde ich vor? Welche Begründungen, Standards, Werte, Grundsätze, die ich hochschätze?**	**Welche Gefühle werden bei mir ausgelöst? Fühle ich Vertrautes? Kann ich dem Absender und seinen Motiven vertrauen und zustimmen?**	**Anlehnungs-Bedürfnis**
Informierungs-Bedürfnis	**Unabhängig von Motiven, Gefühlen und von Begründungen, Wertungen und Theorien - was geht vor?**	**Inwieweit sind dadurch meine lebenswichtigen und existentiellen Ziele, Bedürfnisse und Interessen angesprochen?**	**Überlebens- und Verwirklichungs-Bedürfnis**

Die jeweilige Zuordnung von Social Media-Kanal, Inhalt und Funktion ist konzeptionell entscheidend. Werden durch Social Media-Maßnahmen die individuellen Kommunikations-Bedürfnisse nicht passgenau angesprochen, wird die gewünschte Wirkung im Meinungsbildungsprozess ausbleiben.

Wir können den Kommunikations-Funktionen aus dem Strategie-Chart vier grundlegende Kommunikationsbedürfnisse zuordnen. Mit Hilfe der Analyse dieser individuellen Bedürfnisse erhalten wir das »Briefing« für die inhaltliche Ausgestaltung der verschiedenen Social Media-Kommunikationskanäle:(10)

- *Informierungs-Bedürfnis*
- *Überlebens- und Verwirklichungs-Bedürfnis*
- *Anlehnungs-Bedürfnis*
- *Bedürfnis nach Sinn*

Über das Maßnahmenfeld der Social Media hinaus können wir aus dem Strategie-Chart einen übersichtlichen Kriterien-Katalog für die Gesamtmaßnahmen-Planung etwa im Rahmen der Unternehmenskommunikation eines Klienten ableiten. So ordnen wir zu, welche Maßnahmen zu einem integrierten Paket zusammenzustellen sind, um die notwendigen Kommunikations-Felder abzudecken:

- *Informations-Management*
- *Kommunikativ-strategisches Handeln*
- *Dialog-Systeme*
- *Diskurse*

Anhand des damit ermittelten Funktions-Portfolios schnüren wir vielfältige Kommunikations-Maßnahmen zu einem integrierten Paket zusammen:

Felder der Kommunikationsplanung

Anmerkungen:

(1): Project on Information Technology and Political Islam (PITTPI); Opening Closed Regimes: What Was the Role of Social Media During the Arab Spring?: http://pitpi.org/index.php/2011/09/11/opening-closed-regimes-what-was-the-role-of-social-media-during-the-arab-spring//

(2): Zum soziotechnologischen Approach von Public Relations:

- Droste, Heinz W. ; Kommunikation. Planung und Gestaltung öffentlicher Meinung. Band 1: Grundlagen; Neuss 2011; S. 43-99

(3): Vergleiche: ebenda; S. 243-76

Granovetter analysiert die Wirkungen von festen und schwachen Gruppenbindungen beispielsweise hier:

- Granovetter, Mark S.; »The Strength of Weak Ties«; in: American Journal of Sociology, Volume 78, Issue 6, November 1973; S. 1360-80

- Granovetter, Mark S.; »The Strength of Weak Ties: A Network Theory Revisited«; in: Sociological Theory, Volume 1 (1983: hg. v. ¬American Sociological Association); S. 201-33

- Granovetter, Mark S.; »Economic Action and Social Structure: The Problem of Embeddedness«; in: American Journal of Sociology, -Volume 91, Issue 3, November 1985; S. 481-510

- Granovetter, Mark S.; »Business Groups«; in: Smelser, Neil J.; Richard Swedberg (Hg.); The Handbook of Economic Sociology; Princeton, New Jersey/New York 1994; S. 453-75

(4): Vergleiche:

- Droste, Heinz W. ; Kommunikation. Planung und Gestaltung öffentlicher Meinung. Band 2: Mechanismen; Neuss 2011; S. 433-87

Weiterführende Literatur zu sozialen Mechanismen:

- Coleman, James S.; »Microfoundation and Macrosocial Behavior«; in: Alexander, Jeffrey C.; Bernhard Giesen; Richard Münch; Neil J. Smelser (Hg.); The Micro-Macro Link; Berkeley, Los Angeles, London 1987; S. 153-75
- Coleman, James S.;Grundlagen der Sozialtheorie. Band 1 (Handlungen und Handlungssysteme); München 1991
- Hedström, Peter; Richard Swedberg; »Social mechanisms: An introductory essay«; in: Hedström, Peter; Richard Swedberg (Hg.); Social Mechanisms - An Analytical Approach to Social Theory; Cambridge 1998; S. 1-31

(5): Vergleiche:

- Droste, Heinz W. ; Kommunikation. Planung und Gestaltung öffentlicher Meinung. Band 2: Mechanismen; Neuss 2011; S. 497-500

Mertons Überlegungen zur sich selbst erfüllenden Prophezeiung finden sich beispielsweise hier:

- Merton, Robert K.; Soziologische Theorie und soziale Struktur; Berlin/ New York 1995; S. 124, 399-414
- Merton, Robert K.; »Die Eigendynamik gesellschaftlicher Voraussagen«; in: Topitsch, Ernst (Hg.); Logik der Sozialwissenschaften; Königstein/Taunus 1980 (10); S. 144-61

(6): Vergleiche:

- Droste, Heinz W. ; Kommunikation. Planung und Gestaltung öffentlicher Meinung. Band 2: Mechanismen; Neuss 2011; S. 501-7

Granovetters Beschreibung des reizschwellen-basierten Verhaltens findet sich hier:

- Granovetter, Mark S.; »Threshold Models of Collective Behavior«; in: American Journal of Sociology, 83, Mai 1978; S. 1420-43
- Granovetter, Mark S.; Roland Soong : »Threshold Models of Diffusion and Collective Behavior« in: Journal of Mathematical Sociology, ¬November 1983; S. 165-79

(7): Vergleiche:

- Droste, Heinz W. ; Kommunikation. Planung und Gestaltung öffentlicher Meinung. Band 2: Mechanismen; Neuss 2011; S. 510-23

- Raymond Boudon beschreibt das Phänomen des Auftretens der Umwälzungs-S-Kurve, indem er eine Studie des schwedischen Sozio-Geographen und Innovationswellen-Forschers« Torsten Hägerstrand analysiert:

- Boudon, Raymond; Die Logik des gesellschaftlichen Handelns. Eine Einführung in die soziologische Denk- und Arbeitsweise; Neuwied/ Darmstadt 1980; S. 113-20

- Hägerstrand, Torsten; "A Monte Carlo approach to diffusion"; in: ¬ Archives européennes de Sociologie, 6, 1965; S. 43-5

(8): Vergleiche:

- Droste, Heinz W. ; Kommunikation. Planung und Gestaltung öffentlicher Meinung. Band 2: Mechanismen; Neuss 2011; S. 556-62

(9): Vergleiche: ebenda; S. 563-9

(10): Vergleiche: ebenda; S. 571-7

(11): Vergleiche: ebenda; S. 666-83

Kapitel 9:

Praxisprojekt 3: Kommunikation modellieren

Kommunikation modellieren mit dem AGIL-Modell

Wer in seiner Beratungs-Praxis mit Mitarbeitern und mit seinen Klienten an Konzeptionen arbeitet, kann das AGIL-Model für Workshops und Brainstormings benutzen.

In der Folge finden sich Texte etwa für Präsentations-Charts, mit deren Hilfe Berater Schritt für Schritt die notwendigen Funktionen von Kommunikation thematisieren können.

Anhand des sogenannten „Stretch-Modells" kann dabei eine konzeptionelle Lösung im Einzelnen problematisiert und durchgespielt werden. Trainer und Coachs können die vorgestellten Grafiken zur Gestaltung ihrer Interventionen etwa für die Anleitung von Workshops nutzen.

Thematischer Einstieg

Fundiertes Kommunikations-Wissen

- *Um Kommunikations-Maßnahmen mit einem möglichst hohen Wirkungs-Potential zu entwickeln, ist wissenschaftlich fundiertes Basiswissen wichtig.*

- *Deshalb arbeiten wir mit dem **Analyse- und Strategie-Model AGIL**, das in seinen Grundzügen in Harvard entwickelt wurde und von uns für die Verwendung in der **Kommunikationsberatung fortentwickelt** wurde.*

Kommunikations-Funktionen

- ***Funktion A:** Durch **gezielte Informationsarbeit** erreichen wir für Produkte und Dienstleistungen die Aufmerksamkeit, mit deren Unterstützung **Märkte** und **Zielgruppen** erschlossen werden können.*

- ***Funktion G:** Durch eine **gezielte Kommunikations-Strategie** motivieren wir die **Entscheidungen, die wir von Zielgruppen erwarten.***

- ***Funktion I:** Wir haben das Maß an **öffentlichem Vertrauen zu gewinnen,** das Risiken im Umgang mit unseren Zielgruppen ausschließt.*

- ***Funktion L:** Wir haben der Kommunikation mit unseren Gesprächspartnern dasjenige **Profil zu verschaffen**, das von einem Unternehmen oder von einer Organisation als kompetentem Gesprächspartner verlangt wird.*

An diesem Modell läßt sich nicht nur nachvollziehen, welche Probleme unbeschränktes "Ausleben" der Eigenlogiken der verschiedenen Felder der Kommunikation mit sich bringt.

Es zeigt sich auch, wie wichtig es ist, allen vier wesentlichen Kommunikations-Funktionen parallel gerecht zu werden.

Kommunikations-Gebrauchsanleitung: Den Ball immer über der Hundert halten!

Unser Kommunikationsmodell kann vereinfacht als ein „Stretch-Modell" dargestellt werden:

Ein Ball, der die Kommunikations-Kompetenz des Unternehmens oder der Institution beschreibt, ist zwischen vier Kästen - den "Polen" - mit vier Gummibändern auf eine Art Zielscheibe gespannt.

In der Mitte der Scheibe erreicht der Ball den maximalen Punktwert für kommunikative Kompetenz bei einem gesetzten Zahlenwert von 100, zu den Rändern hin nähert sich der Wert 0.

Über die einzelnen Pole wird jeweils ein Zug auf den Ball ausgeübt bzw. wird das Gummiband lockergelassen.

Nur in einem Systemzustand der ausgeglichenen Zugkräfte erreicht die Kommunikations-Kompetenz ihre Optimalwerte.

Zur Erläuterung mag diese Abfolge von Grafiken dienen:

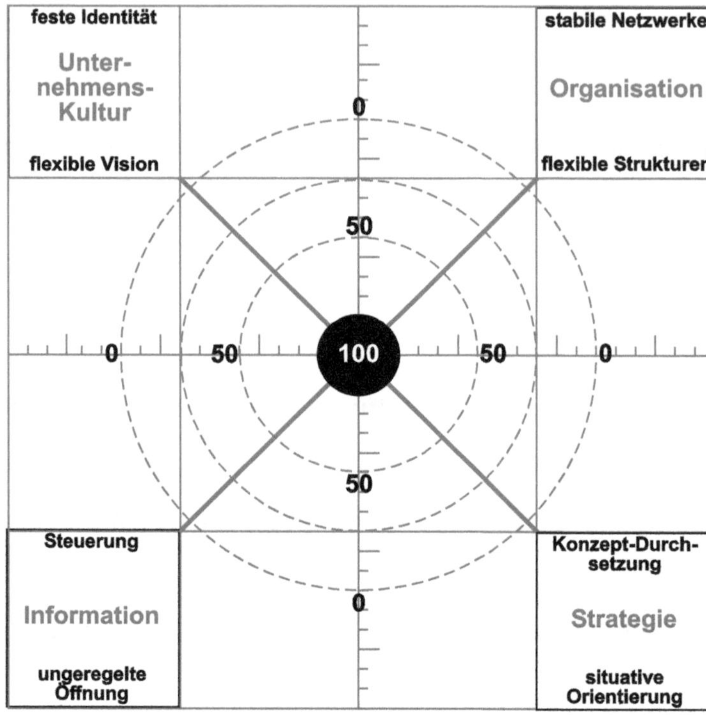

Das a.g.i.l./Stretch-Modell der Kommunikation

Die vier Pole an den Ecken und der maximale Punktwert in der Mitte:

Ist der Zug an einem Pol höher als an den gegegenüberliegenden Polen, wird der optimale Punktwert verfehlt:

Die Erreichung der bestmöglichen Kompetenz erfordert ausgeglichenen Zug an allen Polen = eine ausgeglichene Kommunikations-Leistung in allen Funktions-Bereichen:

Kommunikations-Gebrauchsanleitung:
Den Ball immer über der Hundert halten!

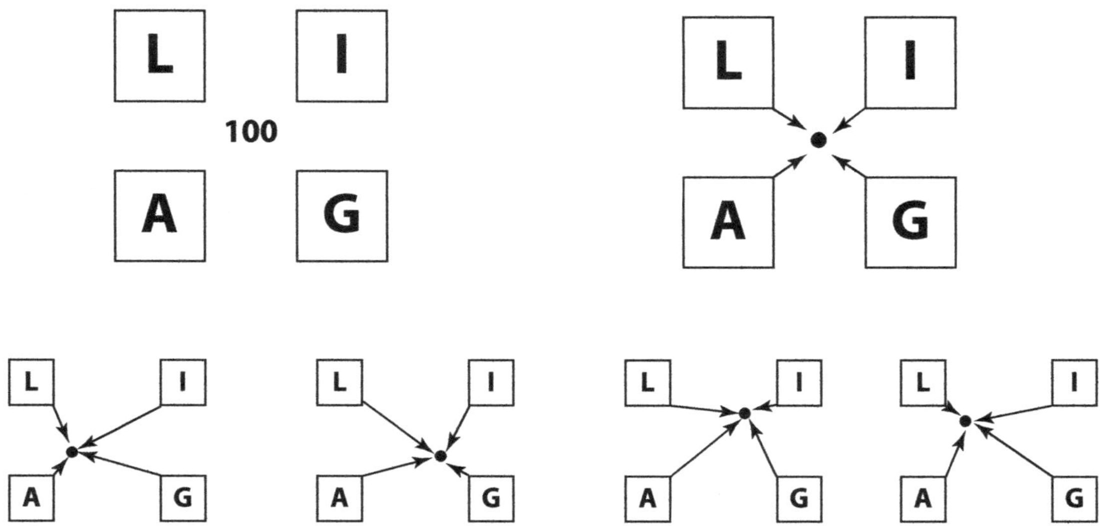

Schauen wir uns an, wie wir den Ausgleich von Leistungen erreichen können.

Funktion A:
Erfolgreiche Kommunikation erfordert effiziente Information

- *Kontinuierliche Kommunikations-Untersuchungen in den letzten Jahrzehnten zeigen, dass die Informationsbedürfnisse und Erwartungen an die Kommunikation in Wirtschaft und Öffentlichkeit gewachsen sind und zukünftig weiterwachsen werden.*

- *Der Konsument und Bürger hat einen neuen geistigen Reifegrad erreicht: Er hat sich vom bloßen Mitmacher zum engagierten Dialog-Partner emanzipiert.*

- *Der offene Austausch von Informationen ist in dieser Situation für Unternehmen und Institutionen Grundvoraussetzung und Stütze der Durchsetzung im Meinungsmarkt und in der Wirtschaft.*

Gezielte Erregung von Aufmerksamkeit - nicht Overload oder Schweigen!

- *Allerdings bringt das **unreflektierte Weiterleiten** aller Neuigkeiten etwa aus einem Unternehmen keine wirkliche Unternehmens-Kommunikation hervor, sondern führt zu einem **chaotischen Informations-Overload** - interne und externe Zielgruppen werden eher verunsichert als gezielt informiert.*

- *Information braucht mit den Unternehmens-Zielen abgestimmte **Selektionsstandards**, die die Kommunikation nicht überreglementieren oder die »Sprachfähigkeit« des Unternehmens hemmen. Die mit dem Management diskutierte Kommunikations-Politik hat den Rahmen für die Entscheidungen über Aufwand und Zielgruppen-Auswahl vorzugeben.*

- *Information braucht die **Abstimmung und Übereinstimmung** mit dem Verständnis der Mitarbeiter und der Abteilungen.*

- *Erst die Information, die dies alles berücksichtigt, kommt an ihr Ziel: die **effiziente Erzeugung von Aufmerksamkeit** bei den Zielgruppen eines Unternehmens oder einer Institution.*

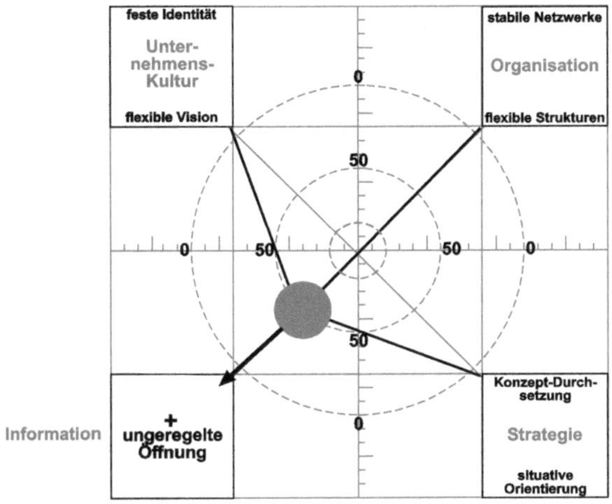

A: Kommunikation und Information
Das „Overload"-Syndrom

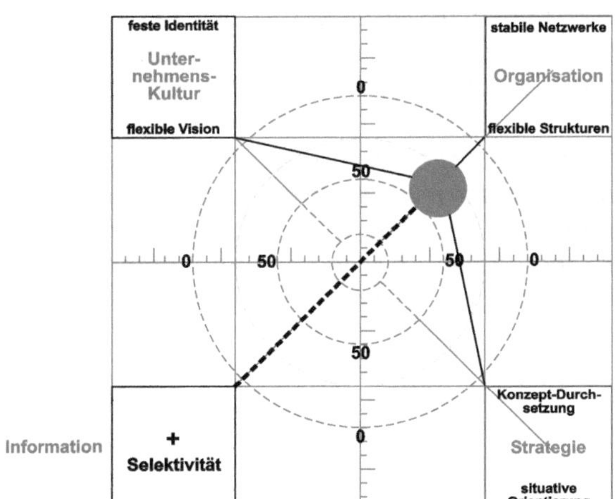

A: Kommunikation und Information
Das „Schweiger"-Syndrom

Funktion G:
Erfolgreiche Kommunikation erfordert effektive Strategie.

- *Der Umgang mit der Kommunikation wird immer* ***folgenreicher.*** *Sie hat sich zur öffentlichen Instanz entwickelt, durch die grundsätzlich festgelegt wird, ob* ***Entscheidungen*** *in Wirtschaft und Verwaltung - aber auch innerhalb von Unternehmen - durchsetzbar sind oder nicht.*

- *Dialogfähigkeit wird im Rahmen eines dadurch erforderlichen "Akzeptanz-Marketings" zur Grundbedingung für Unternehmens-Kommunikation.*

- *Der Dialog mit Bürgern, Konsumenten und Mitarbeitern ist durch dezentrale und situationsbezogene Kommunikation und eine Fülle differenzierter verflochtener Einzelmaßnahmen aufzubauen und am Leben zu erhalten.*

Gezielte Erreichung von Akzeptanz für die eigenen Ziele - nicht Scheuklappen oder Anpassung!

- *Erfolgreiche Kommunikation braucht* ***klare strategische Vorgaben*** *und Bezüge. Diese dürfen allerdings nicht zu einem blinden Abarbeiten von Maßnahmenplänen führen, welche den Blick nach links und rechts ausschließt.*

- *Kommunikation braucht neben einer strategischen Führung Öffnung und situative Orientierung an aktuellen Entwicklungen, ohne sich allerdings von jedem aktuellen Meinungstrend übersteuern zu lassen.*

- *Ein ausgeglichenes Wechselspiel von Steuerung und gezielter Orientierung an den Entwicklungen in den jeweils relevanten Öffentlichkeiten schafft wichtige Voraussetzungen für die Erreichung von* ***Akzeptanz*** *für die Ziele eines Unternehmens - für Verkaufsziele im Markt, unternehmens-politische Ziele, Ziele im Rahmen der Fortentwicklung der Unternehmens-Struktur usw.*

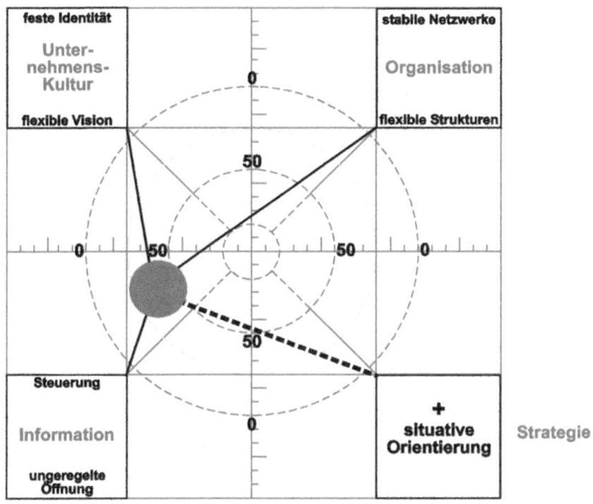

G: Kommunikation und Strategie
Das „Anpasser"-Syndrom

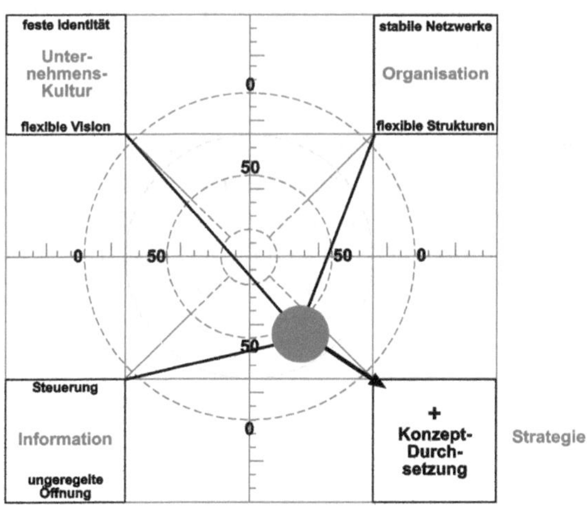

G: Kommunikation und Strategie
Das „Scheuklappen"-Syndrom

Funktion I:
Erfolgreiche Kommunikation erfordert Organisation.

- *Durch die Steigerung von Kommunikation wird unsere* ***Gesellschaft*** *bis in ihre* ***Tiefenstruktur*** *hinein heute in einem Maß* ***bewegt*** *wie nie zuvor. Es werden immer mehr Informationen gesammelt und in Umlauf gebracht.*

- *Kehrseite dieser Entwicklung ist der* ***permanente Wandel*** *von Strömungen und Stimmungen. Es entwickelt sich so das Dauer-Risiko für Unternehmen und Institutionen, irgendwann einmal nicht im richtigen Licht der öffentlichen Aufmerksamkeit ihrer Zielgruppen zu stehen.*

- *Durch den ständigen Dialog mit der Öffentlichkeit und den wichtigen Teilöffentlichkeiten wird das Maß an* ***Vertrauen, Sympathie und Interesse*** *erarbeitet, das für* ***langfristige Stabilität*** *sorgt.*

Erreichung von stabilem Konsens - nicht Verkrustung oder Zustimmungs-Hopping!

- *Erfolgreiche Kommunikation erfordert den Aufbau und die Erhaltung von* ***stabilen Kommunikations-Netzwerken*** *- nach Außen und nach Innen.*

- *Erst die Ausprägung von festen Strukturen macht aus einem Unternehmen oder einer Institution einen verlässlichen und vertrauenswürdigen Gesprächspartner für Zielgruppen und Medien. Nur so wird der* ***öffentliche Konsens*** *für Unternehmens- und Organisations-Ziele möglich.*

- *Diese* ***Strukturen*** *sind dabei so* ***flexibel*** *und frisch zu erhalten, dass Dialoge sich nicht in inhaltslose Rituale verwandeln, die das Aufarbeiten von Spannungen und Konflikten verhindern. Die Flexibilität der Organisation von Kommunikation darf allerdings nicht so weit gehen, dass der Eindruck entsteht, die Bestandteile des Kommunikations-Netzwerkes wandelten sich konzept- und ziellos.*

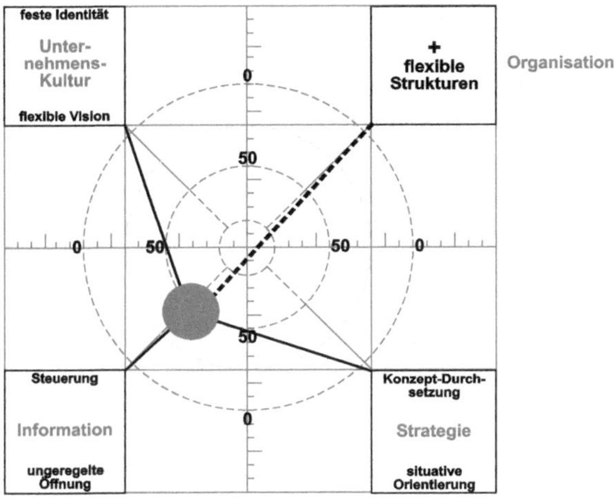

I: Kommunikation und Organisation
Das „Wechsler"-Syndrom

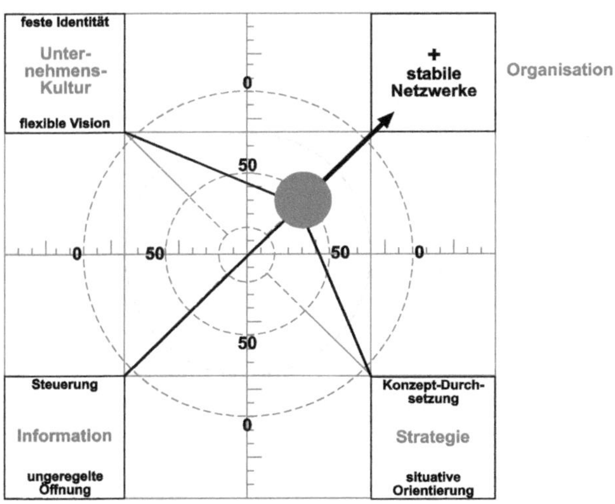

I: Kommunikation und Organisation
Das „Eisberg"-Syndrom

Funktion L:
Kommunikation braucht eine konsistente Kultur

- *Unternehmen und Institutionen sind systematisch **Entwicklungs- und Wandlungsprozessen** unterworfen.*

- *Sie überschreiten Grenzen ihres Know-hows, ihrer Erfahrung und ihres bisherigen Selbstverständnisses, um **neuen Märkten, neuen Anforderungen** gerecht zu werden.*

- *Die Durchsetzung eines gleichermaßen **geschlossenen wie flexiblen Selbstverständnisses und Images** in der Öffentlichkeit ist in dieser Lage wichtiger Erfolgsfaktor.*

- *Umfassend geplante Kommunikation ist für Unternehmen und Institutionen wesentliches Instrument, um Entwicklungsstrategien herzuleiten und langfristig umzusetzen.*

Kontinuität - nicht Chaos oder abgehobene Diskussion!

- *Erfolgreiche Kommunikation setzt einen **lebendigen Diskurs** im Unternehmen voraus.*

- *Grundlage dieser Reflektion über Unternehmens-Leitbilder und -Ziele ist eine **ausgeprägte Identität.** In Unternehmen ist eine originäre Antwort auf Fragen zu geben wie: Woher kommen wir und wohin wollen wir gehen? Was wollen wir mit unserer Arbeit erreichen?*

- *Je mehr die Antwort des Unternehmens eine eigenständige Note hat, desto größer ist das Potential für eine **wirkungsvolle Identität** und **Identifikationsmöglichkeit** mit Blick auf Zugehörige und Außenstehende.*

- *Diese Antwort muss aber soweit diskutierbar bleiben, dass die Kultur laufend im Rahmen von Trends adaptierbar bleibt: Sie braucht* **flexible Visionen.**

- *So hat die Kommunikation die Chance, Kontinuität und Stabilität von Entwicklungen zu begründen.*

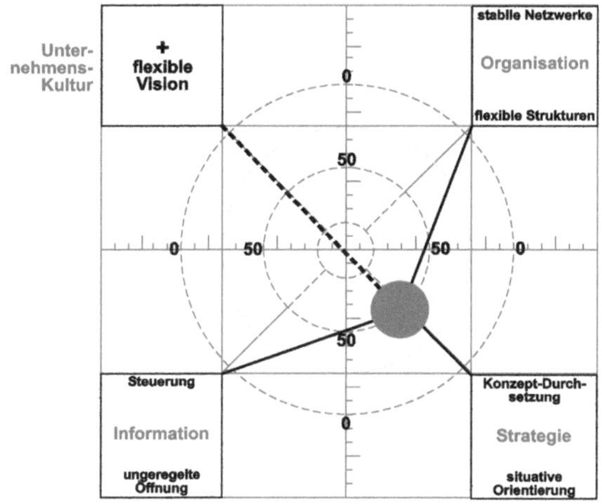

L: Kommunikation und Organisation
Das „Chaos"-Syndrom

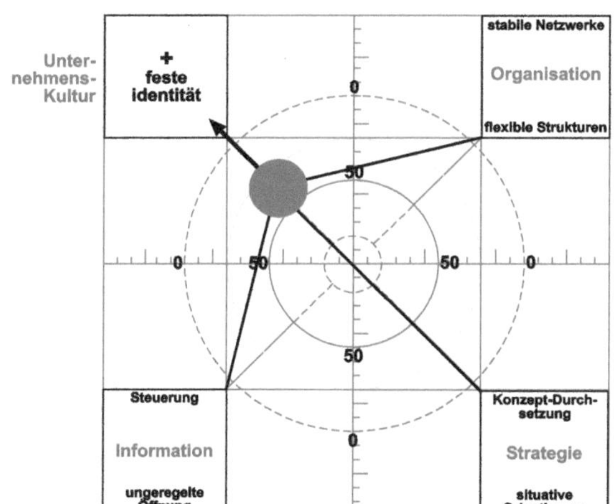

L: Kommunikation und Organisation
Das „Heiligen"-Syndrom

Abschluss

Kommunikation modellieren mit dem AGIL-Modell

Die Vorstellung des Strategie-Werkzeugs für Kommunikations-Profis ist damit abgeschlossen.

Zunächst wurden Grundbegriffe definiert und Grundelemente vorgestellt und erläutert.

Drei Praxis-Kapitel dienten dazu, den Einsatz des AGIL-Tools bei komplexen Aufgabenstellungen zu demonstrieren und beispielhafte Ansätze für Online-Kommunikation zu zeigen.

Den Lesern steht es nun frei, das vorgelegte Schema für ihre eigenen Zwecke zu benutzen und für weitere Problembereiche und Kommunikationsfelder zu adaptieren. - Wer sich hierzu austauschen möchte, kann den Autor unter hd@droste-effect.com erreichen.

Übrigens: Weitere Hintergrundinformationen, Modelle, Checklisten usw. finden sich in Veröffentlichungen des Autors beim Pedion Verlag (https://pedion-verlag.de) wie:

- Heinz W. Droste, Kommunikation - Planung und Gestaltung öffentlicher Meinung (zwei Bände), Neuss 2011
- Heinz W. Droste, PR Formel - Kommunikation als kreativer Prozess, Neuss 2013

Anhang

- **Albert, Hans**; Erkenntnislehre und Sozialwissenschaft. Karl Poppers Beitrag zur Analyse ¬sozialer Zusammenhänge; Wien 2003

- - »Probleme der Wissenschaftslehre in der Sozialforschung« in: René König (Hg.); Handbuch der empirischen Sozialforschung; Band 1; Stuttgart 1973

- - (Hg.); Theorie und Realität. Ausgewählte Aufsätze zur Wissenschaftslehre der Sozialwissenschaften; Tübingen 1972 (2)

- **Alexander, Jeffrey C.; Bernhard Giesen; Richard Münch; Neil J. Smelser** (Hg.); The Micro-Macro Link; Berkeley, Los Angeles, London 1987

- **Arlt, Hans-Jürgen; Wolfgang Storz**; Wirtschaftsjournalismus in der Krise. Zum massenmedialen Umgang mit Finanzmarktpolitik; Eine Studie der Otto Brenner Stiftung, Frankfurt/Main 2010

- **Aus Politik und Zeitgeschehen (APuZ)**; Postdemokratie? (hg. v. Bundeszentrale für politische Bildung); 1-2/2011; Bonn 03.01.2011

- **Baker, Herbert G.; A. Paul Hare; Joseph Powers; Endre Sjøvold** (Hg.); Analysis of Social Interaction Systems. SYMLOG Research and Applications; Lanham, Maryland 2005

- **Bales, Robert Freed**; Personality and Interpersonal Behavior; New York, Chicago, San Francisco, Atlanta, Dallas, Montreal, Toronto, London, Sydney 1970

- - Interaction Process Analysis. A Method for the Study of Small Groups; Chicago, London, Neudruck 1976 (1950)

- - SYMLOG Case Study Kit - with Instructions for A Group Self Study; New York, London 1980

- - Social Interaction Systems. Theory and Measurement; New Brunswick, London 2001

- **Bales, Robert Freed; Stephen P. Cohen**; SYMLOG. Ein System für die mehrstufige Beobachtung von Gruppen; Stuttgart 1982 (englischsprachige Originalausgabe: 1979)

- **Böhnke, Petra**; »Ungleiche Verteilung politischer und zivilgesellschaftlicher Partizipation«; in: Aus Politik und Zeitgeschehen (APuZ); 1-2/2011; Bonn 03.01.2011; S. 18-25

- **Bortz, Jürgen; Nicola Döring**; Forschungsmethoden und Evaluation; Berlin, Heidelberg, New York 1995 (2)

- **Boudon, Raymond**; Die Logik des gesellschaftlichen Handelns. Eine Einführung in die soziologische Denk- und Arbeitsweise; Neuwied, Darmstadt 1980

- - Theories of Social Change. A Critical Appraisal; Cambridge 1986

- - »Social Mechanisms without black boxes«; in: Hedström, Peter; Richard Swedberg (Hg.); Social Mechanisms - An Analytical Approach to Social -Theory; Cambridge 1998; S. 172 - 203

- **Bunge, Mario**; Intuition and Science; Englewood Cliffs/New Jersey 1962

- - Scientific Research I. The Search for System; Berlin, Heidelberg, New York 1967

- - Scientific Research II. The Search for Truth; Berlin, Heidelberg, New York 1967

- - Treatise on Basic Philosophy Volume 4. Ontology II (A World of Systems); Dordrecht, Boston, London 1979

- - Treatise on Basic Philosophy Volume 5; Epistemology & Methodology I -(Exploring the World); Dordrecht, Boston, London 1983

- - Treatise on Basic Philosophy. Volume 6: Epistemology & Methodology II -(Understanding the World); Dordrecht, Boston, London 1983

- - Treatise on Basic Philosophy. Volume 8: Ethics (The Good and the Right); Dordrecht, Boston, Lancaster 1989

- - Finding Philosophy in Social Science; New Haven, London 1996

- - Social Science under Debate. A philosophical perspective; Toronto, Buffalo, London 1998
- - The Sociology-Philosophy Connection - with a foreword by Raymond Boudon; New Brunswick,London 1999
- - Philosophy in Crisis. The Need for Reconstruction; Amherst, New York 2001
- - Emergence and Convergence. Qualitative Novelty and the Unity of Knowledge; Toronto, Buffalo, London 2003
- - Philosophical Dictionary. Enlarged Edition; Amherst, New York 2003
- - Chasing Reality. Strife over Realism; Toronto, Buffalo, London 2006
- - Political Philosophy. Facts, Fiction and Vision; New Brunswick, London 2009
- - Matter and Mind. A Philosophical Inquiry; Dordrecht, Heidelberg, London, New York 2010
- - Evaluating Philosophies; Dordrecht, Heidelberg, London New York 2012
- **Bruhn, Manfred**; Integrierte Unternehmens- und Markenkommunikation. Strategische Planung und operative Umsetzung; Stuttgart 2006
- **Cohn, Ruth;** Von der Psychoanalyse zur themenzentrierten Interaktion; Stuttgart 1975
- **Cohn, Ruth; Alfred Farau**; Gelebte Geschichte der Psychotherapie. Zwei -Perspektiven; Stuttgart 1999 (2)
- **Coleman, James S.**; »Microfoundation and Macrosocial Behavior«; in: Alexander, Jeffrey C.; Bernhard Giesen; Richard Münch; Neil J. Smelser (Hg.); The Micro-Macro Link; Berkeley, Los Angeles, London 1987; S. 153-75

- - Grundlagen der Sozialtheorie. Band 1 (Handlungen und Handlungssysteme); München 1991

- **Coleman, James S.; Elihu Katz; Herbert Menzel**; »The Diffusion of an Innovation among Physicans«; in: Sociometry, Volume 20, No. 4, S. 253-70

- **Crouch, Colin**; Postdemokratie; Frankfurt 2008 (2005)

- **Mihaly Csikszentmihalyi**; Das flow-Erlebnis. Jenseits von Angst und Langeweile: im Tun aufgehen; Stuttgart 1993.

- - Kreativität. Wie Sie das Unmögliche schaffen und Ihre Grenzen überwinden; Stuttgart 1997.

- **Deutsch, Karl W.**; Politische Kybernetik. Modelle und Perspektiven; Freiburg 1973

- **Droste, Heinz W.**; Die methodologischen Grundlagen der soziologischen Handlungstheorie Talcott Parsons›; Inaugural-Dissertation, Düsseldorf 1985

- - Public Relations - Analyse-Schema für die Praxis des PR-Beraters ; Wiesbaden 1989

- - Risiko-Kommunikation - Hyperbook; Düsseldorf 1995

- - Innovations-Monitor 2000 Mittelstand; Grevenbroich 2000

- - Investor Relations Monitor Neuer Markt 1997-2000; Grevenbroich 2000

- - Praktikerhandbuch Investor Relations. Mit IPO-Kommunikationskalender für die erfolgreiche Börsenpräsenz; Stuttgart 2001

- - Kommunikation. Planung und Gestaltung öffentlicher Meinung. Band 1: Grundlagen; Neuss 2011

- - Kommunikation. Planung und Gestaltung öffentlicher Meinung. Band 2: Mechanismen; Neuss 2011

- - PR-Formel. Kommunikations als kreativer Prozess; Neuss 2013
- - Turn of the Tide - Gezeitenwechsel; Aschaffenburg 2015
- **Esser, Hartmut; Klaus Klenovitz; Helmut Zehnpfennig**; Wissenschafttheorie 1. Grundlagen und Analytische Wissenschaftstheorie; Stuttgart 1977
- - Wissenschaftstheorie 2. Funktionalanalyse und hermeneutisch-dialektische Ansätze; Stuttgart 1977
- **Fehr, Ernst; Simon Gächter**; »Altruistic Punishment in Humans«; in: Nature, Volume 415, 10. Januar 2002; S. 137-40
- **Feldenkrais, Moshé**; Das starke Selbst - Anleitung zur Spontaneität; Frankfurt/Main 1985
- **Fissenewert, Renée; Stephanie Schmidt**; Konzeptionspraxis; Frankfurt/Main 2004 (2)
- **Fox, Renée C.**; »Talcott Parsons - Mein Lehrer«; in: Staubmann, Helmut; Harald Wenzel (Hg.); Talcott Parsons - Zur Aktualität eines Theorieprogramms; Österreichische Zeitung für Soziologie, Sonderband 6, Wiesbaden 2000; S. 15-30
- **Friedrichs, Jürgen**; Methoden der empirischen Sozialforschung; Reinbek 1976.
- **Granovetter, Mark S.**; »The Strength of Weak Ties«; in: American Journal of Sociology, Volume 78, November 1973; S. 1360-80
- - »Threshold Models of Collective Behavior«; in: American Journal of Sociology, Volume 83, Mai 1978; S. 1420-43
- - »The Strength of Weak Ties: A Network Theory Revisited«; in: Sociological Theory, Volume 1 (1983: hg. v. American Sociological Association); S. 201-233
- - »Economic Action and Social Structure: The Problem of Embeddedness«; in: American Journal of Sociology, Volume 91, November 1985; S. 481-510

- - »Business Groups«, in: Smelser, Neil J.; Richard Swedberg (Hg.); The Handbook of Economic Sociology; Princeton/New Jersey, New York 1994; ¬S. 453-75
- **Granovetter, Mark S.; Roland Soong**; »Threshold Models of Diffusion and Collective Behavior«; in: Journal of Mathematical Sociology, November 1983; S. 165-179
- **Grossner, Claus**; Verfall der Philosophie; Hamburg 1971
- **Hägerstrand, Torsten**; »A Monte Carlo approach to diffusion«; in: Archives européennes de Sociologie, 6, 1965; S. 43 - 57
- **Hare, A. Paul; Richard Brian Polley; Philip J. Stone** (Hg.); The SYMLOG Pracititioner. Applications of Small Group Research; New York, Westport, Connecticut, London 1988
- **Hare, A. Paul; Sharon E. Hare** (Hg.); SYMLOG Field Theory. Organizational Consultation, Value Differences, Personality and Social Perception; Westport/Connecticut, London 1996
- **Hedström, Peter; Richard Swedberg;** »Social mechanisms: An introductory essay«; in: Hedström, Peter; Richard Swedberg (Hg.); Social Mechanisms - An Analytical Approach to Social Theory; Cambridge 1998; S. 1 - 31
- - (Hg.); Social Mechanisms. An Analytical Approach to Social Theory; Cambridge 1998
- **Hendrix, Jerry**; Public Relations Cases; Belmont/Kalifornien 2003 (6)
- **Isaksen, Scott G.** ; »A Review of Brainstorming Research: Six Critical Issues for Inquiry«; Creativity Research Unit - Creative Problem Solving Group; University of Buffalo, New York; Monograph #302, 1998
- **Jörke, Dirk**; »Bürgerbeteiligung in der Postdemokratie«; in: Aus Politik und Zeitgeschehen (APuZ); 1-2/2011; Bonn 03.01.2011; S. 13- 18
- **Kant, Immanuel**; Kritik der reinen Vernunft; hg. v. Raymund Schmidt; Hamburg (Felix Meiner Verlag) 1956 (1781/1787)

- - Prolegomena zu einer jeden künftigen Metaphysik, die als Wissenschaft wird auftreten können hg. v. Karl Vorländer; Hamburg (Felix Meiner Verlag) - 1976 (1783)

- **Kendall, Robert**; Public Relations Campaign Strategies. Planing for implementation; New York 1997 (2)

- **Koenigs, Robert J. ; Margaret Ann Cowen**; »SYMLOG as Action Research« in: Polley, Richard Brian; A. Paul Hare; Philip J. Stone; The SYMLOG Practitioner. Applications of Small Group Research; New York, Westport/Connecticut, London 1988; S. 61-87

- **König, René** (Hg.); Handbuch der empirischen Sozialforschung; Band 1; Stuttgart 1973

- **Kotler, Philip; Eduardo L. Roberto; Ned Roberto**; Social Marketing. Improving the Quality of Life; Thousand Oaks/Kalifornien 2002 (2)

- **Kröger, Friedeberg; Dieter Wälte** (Hg.); Interaktionsforschung mit dem -SYMLOG-Methodeninventar. Theorie und Praxis; Frankfurt/Main 2000

- **Marston, John E.**; The Nature of Public Relations; New York 1963

- **Merton, Robert K.**; Soziologische Theorie und soziale Struktur; Berlin, New York 1995

- - »The Thomas Theorem and the Matthew Effect«, in: Social Forces, 74 (2), December 1995; S. 379 - 424

- - »Die Eigendynamik gesellschaftlicher Voraussagen«; in: Topitsch, Ernst (Hg.); Logik der Sozialwissenschaften; Königstein/Taunus 1980; S. 144-61

- **Mouffe, Chantal**; »›Postdemokratie› und die zunehmende Entpolitisierung«; in: Aus Politik und Zeitgeschehen (APuZ); 1-2/2011; Bonn 03.01.2011; S. 3-5

- **Münch, Richard**; Gesellschaftstheorie und Ideologiekritik; Hamburg 1973

- - Theorie sozialer Systeme. Eine Einführung in Grundbegriffe, Grundannahmen und logische Struktur; Opladen 1976

- - Theorie des Handelns. Zur Rekonstruktion der Beiträge von Talcott Parsons, Emile Durkheim und Max Weber; Frankfurt/Main 1982

- **Neske, Fritz**; PR-Management; Gernsbach 1977

- **Oeckl, Albert**; PR-Praxis. Der Schlüssel zur Öffentlichkeitsarbeit; Düsseldorf, Wien 1967

- **Parsons, Talcott**; The Structure of Social Action 1. Marshall, Pareto, Durkheim; New York/London 1968/1937 (Paperback Edition 1)

- - The Structure of Social Action 2. Weber; New York/London 1968/1937 -(Paperback Edition 1)

- - The Social System; Glencoe, Illinois 1951.

- - Zur Theorie sozialer Systeme (hg. v. Stefan Jensen); Opladen 1976

- **Parsons, Talcott; Charles Ackerman**; »Der Begriff ‹Sozialsystem› als theore-tisches Instrument« in: Parsons, Talcott; Zur Theorie sozialer Systeme (hg. v. Stefan Jensen); ¬Opladen 1976

- **Parsons, Talcott; Robert F. Bales; Edward A. Shils**; Working Papers in the Theory of Action; New York, London 1953

- **Parsons, Talcott; Robert F. Bales; James Olds; Morris Zelditch; Philip E. Slater**; Family, Socialization, and Interaction Process; New York 1955

- **Popper, Sir Karl Raimund**: »Philosophische Selbstinterpretation und Polemik gegen die Dialektik«; in: Grossner, Claus; Verfall der Philosophie; Hamburg 1971; S. 278-89

- - Objektive Erkenntnis. Ein evolutionärer Entwurf; Hamburg 1973

- **Project on Information Technology and Political Islam (PITTPI)**; Opening Closed Regimes: What Was the Role of Social Media During the Arab Spring?: http://pitpi.org/index.php/2011/09/11/opening-closed-regimes-what-was-the-role-of-social-media-during-the-arab-spring/

- **Schiffer, Sabine** ; »Informationsmedien in der Postdemokratie. Zur Bedeutung von Medienkompetenz für eine lebendige Demokratie«; in: in: Aus Politik und Zeitgeschehen (APuZ); 1-2/2011; Bonn 03.01.2011; S. 27- 32

- **Scott, David Meerman;** Die neuen Marketing- und PR-Regeln im Web; Heidelberg/München/Landsberg/Frechen/Hamburg 2010

- **Smith, Ronald D.**; Strategic Planning for Public Relations; Mahwah/ New Jersey 2005 (2)

- **Stegmüller, Wolfgang**; »Einige Beiträge zum Problem der Teleologie und der Analyse von Systemen mit zielgerichteter Organisation«; in: Synthese, 1961: Band 13,1; S. 5-40

- - Probleme und Resultate der Wissenschaftstheorie und Analytischen Philosophie. Band 1 - Wissenschaftliche Erklärung und Begründung; Berlin, Heidelberg, New York 1969

- **Stiglitz, Joseph E.**; Im freien Fall. Vom Versagen der Märkte - zur Neuordnung der Weltwirtschaft; München 2011

- **Topitsch, Ernst** (Hg.); Logik der Sozialwissenschaften; Königstein/ Taunus 1980

- **Watzlawick, Paul; Janet H. Beavin; Don D. Jackson**; Menschliche Kommunikation - Formen, Störungen, Paradoxien (1969); Bern/Göttingen/Toronto/Seattle 2000 (1969)

- **Weintraub Austin, Erica; Bruce E. Pinkleton**; Strategic Public Relations Management. Planing and Managing Effective Communication Programs; Mahwah/New Jersey 2006 (2)

- **Wittgenstein, Ludwig**; Tractatus logico-philosophicus -Logisch-philosophische Abhandlung (1918)

AGIL-Modell

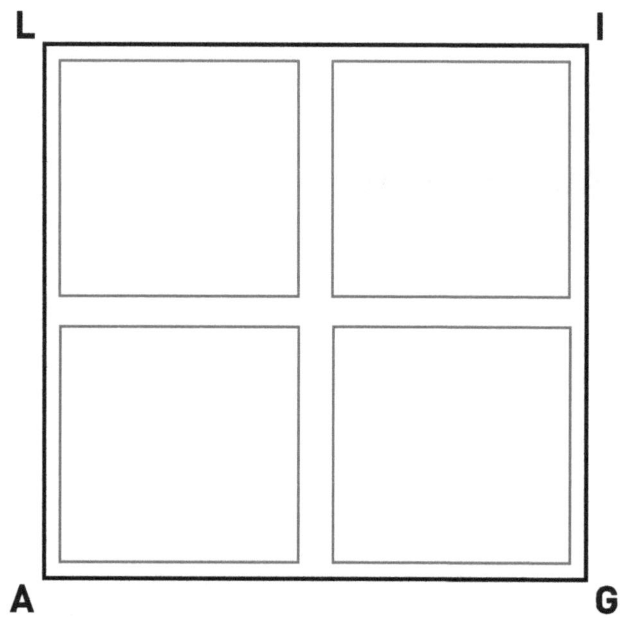
L
I
A
G

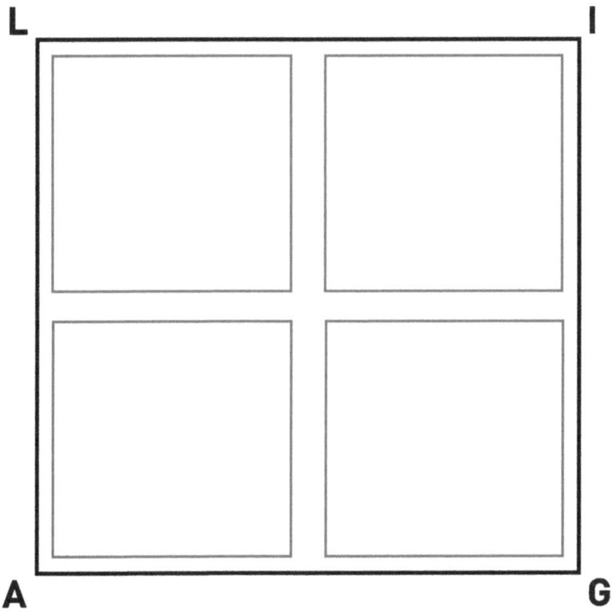
L
I
A
G

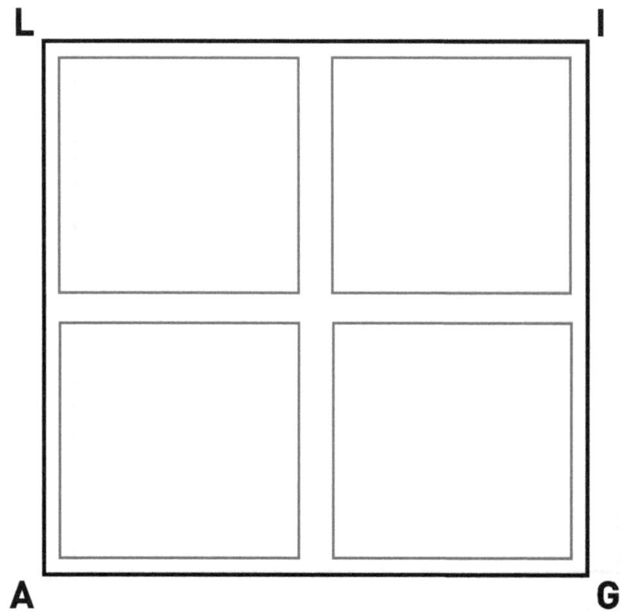
L
I
A
G

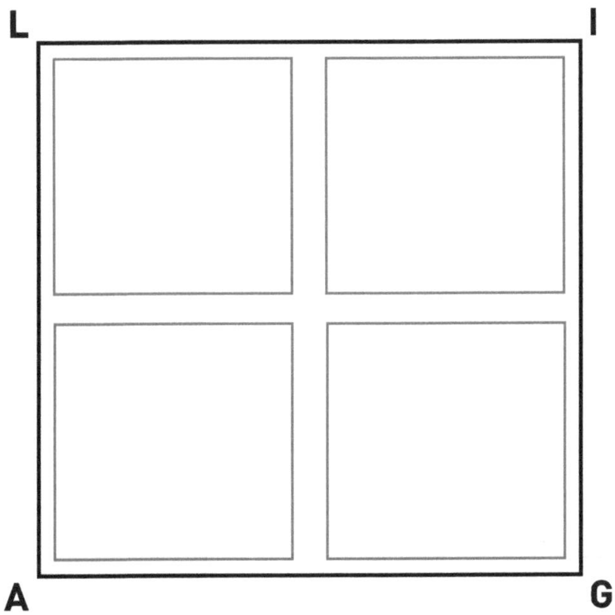
L
I
A
G

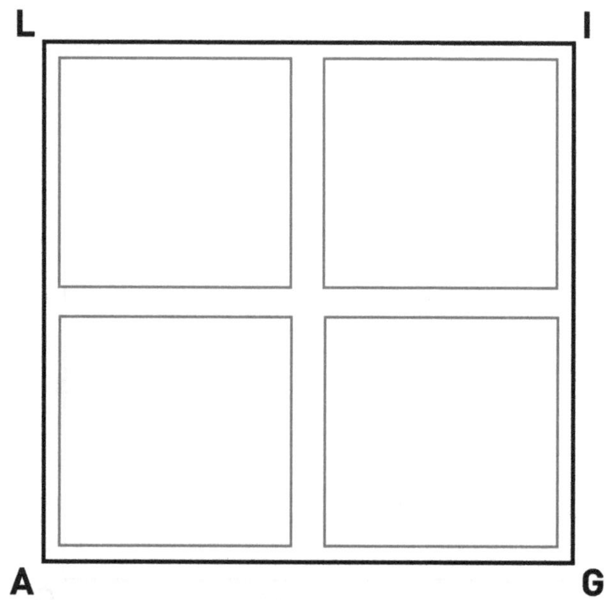
L
I
A
G

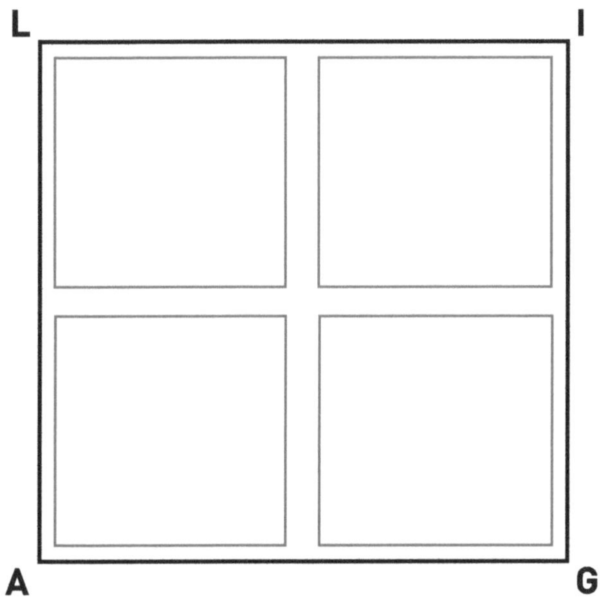
L
I
A
G